La astucia de los insectos
y otros artrópodos

JAIRO ROBLA SUÁREZ

La astucia de los insectos y otros artrópodos

SEGUNDA EDICIÓN

GUADALMAZÁN

Primera edición: febrero de 2023
Primera reimpresión: febrero de 2024

Guadalmazán • Colección Divulgación científica
Director editorial: Antonio Cuesta
Edición: María Victoria García Ortiz
www.editorialguadalmazan.com
pedidos@almuzaralibros.com - info@almuzaralibros.com

Talenbook, s.l.
C/ Cervantes, 26 • 28014 • Madrid

Imprime: Romanyà Valls
ISBN: 978-84-17547-96-7
Depósito Legal: M-2571-2023
Hecho e impreso en España - *Made and printed in Spain*

A mi familia, por su incombustible apoyo
durante mi trayectoria vital como biólogo.
A mis amigos y compañeros, «bichólogos» o no,
por aguantar «al de los bichos» día tras día.
Y en particular a ti, por haber elegido la artropodología
como lectura en este preciso momento.

Índice

Prefacio

Un anciano camina con su cayado por una pradera. Pasa su mano sobre la lavanda y un agradable aroma se extiende a su alrededor. Con cada golpe del bastón sobre la hierba, multitud de diminutos seres saltan en todas direcciones. Un pequeño le sigue: ríe y corre explorando todo lo que le rodea. Su abuelo se detiene junto a un arbusto. Lo observa con los ojos entrecerrados, escrutándolo. Silenciosa, una hembra de mantis religiosa se delata en una de las ramas. Permanece inmóvil durante un instante. Extiende los dedos y la mantis se posa. «¿Quieres sostenerla, Jairo?». El niño, temeroso, asiente. Acerca su mano y gira la muñeca para poder observarla desde todas las direcciones. Satisfecho, alarga su brazo hasta el arbusto haciendo que la mantis se pierda entre la infinidad de las hojas del matorral.

Empieza a contarle asombrosas historias sobre los insectos mientras reemprenden su marcha. El niño escucha ensimismado. Al final de su camino titilan las luces de una casa. La abuela está esperándolos. Sonríe y le muestra un paquete envuelto en papel de regalo. Sorprendido, lo abre con sumo cuidado. Emerge un pequeño libro, El apasionante mundo de los insectos, *una historia que girará en torno a descubrir su mundo: sus curiosidades, sus entresijos, sus secretos y su importancia. Una historia que cultivará año tras año, como naturalista y como biólogo. Una historia que estoy a punto de contarte.*

Gracias por escoger este libro para que pueda llevarte hacia las inimaginables proezas del apasionante mundo de los artrópodos. ¿Te atreves a atravesar la puerta conmigo? ¡Vamos allá!

I. ¿QUÉ ES UN «BICHO»?

Seguro que alguna vez has utilizado, fuera cual fuese el contexto, la palabra «bicho». Sirve para calificar a cualquier animal. De hecho, mi profesor de zoología de vertebrados del grado de Biología lo utilizaba para todo. Era indiferente la cantidad de pelo, plumas o escamas, si tenía cuatro, seis o más patas, o si su forma era la de una estrella o atesoraba púas por todo su cuerpo. Todo eran «bichos». Ahora bien, de entre todos los animales, unos más que otros se acogen a la definición de «bicho». El *Diccionario de la lengua española* explica, como primera acepción, que es una forma coloquial de llamar a un «animal pequeño, especialmente un insecto». Aquí surge una nueva palabra que se añade a nuestra ecuación: «insecto»; si recurrimos de nuevo al diccionario nos encontraremos lo siguiente: «Artrópodo de respiración traqueal, con el cuerpo dividido distintamente en cabeza, tórax y abdomen, con un par de antenas y tres pares de patas, y que en su mayoría tienen uno o dos pares de alas y sufren metamorfosis durante su desarrollo». ¡Magia! Cuando pensabas que todo estaba desentrañado, aparece otro concepto, el de «artrópodo». ¿La semántica no tiene fin? En un momento nos hemos enredado con tres vocablos diferentes y no tenemos ni la más remota idea de a quién aplicárselos con propiedad: «bicho», «insecto» y «artrópodo»; pero empecemos por el principio de todo, el principio en el que la Tierra era un caldo primitivo.

Impresiones fósiles de *Dickinsonia*, género popular en la biota de Ediacara. Era un animal parecido a un gusano, se especula que crecía añadiendo segmentos corporales [Estudios Aliza].

UNA MUY BREVE HISTORIA DE LOS ARTRÓPODOS

Durante millones de años la Tierra había sido un lugar completamente inhóspito. El océano era el único remanso donde pequeños microorganismos fueron capaces de prosperar. La superficie emergida estaba expuesta a las radiaciones ultravioletas del sol y presentaba una atmósfera llena de gases tóxicos que hacían imposible la vida. Las cianobacterias cambiaron este paradigma cuando comenzaron a fotosintetizar y liberar grandes cantidades de oxígeno al océano de «Panthalassa». Poco a poco, este oxígeno empezó a cambiar la atmósfera.

Se formó una envuelta protectora de ozono en torno al globo terráqueo, lo que aisló la superficie terrestre de las nocivas radiaciones de nuestra estrella más cercana. También comenzó a acumularse una importante cantidad de calcio en el océano, un ingrediente perfecto para crear estructuras corporales. Imagínate: un mundo en continuo cambio, un desapacible sistema donde solo aquellos que presentan las características más propicias para prosperar sobrevivirán.

Avancemos hasta hace unos 600 millones de años. Los continentes tenían otras formas y ubicaciones. Parte de la tierra emergida estaba cubierta por el hielo, pero los continentes irían ganando puntos para postularse como un nuevo hábitat que colonizar. Sin embargo, en el basto y ancho mar, la fauna de Ediacara era la dominante en ese momento. Estaba compuesta por organismos pluricelulares con formas aparentemente caprichosas: tubulares, esferoidales, alargadas, estrelladas. En su gran mayoría, animales sésiles, pero también algunos móviles. Sin embargo, todos los cambios que ya llevaban tiempo produciéndose fomentaron la aparición del escenario perfecto para que la evolución metiese la quinta marcha. Con una nueva atmósfera rica en oxígeno, una tierra emergida protegida por el ozono y con el hielo en retroceso, todo parecía indicar que la vida tal cual se conocía en ese momento estaba a punto de cambiar. En el océano existían muchos y muy variados recursos tróficos. Así aparecieron una infinidad de formas de vida que son representantes lejanos de casi todos los grupos actuales de animales. Y, a más recursos, también más depredadores, que se diversificaron enormemente por la gran abundancia de presas. Todos los nichos posibles acabaron siendo ocupados y el océano se convirtió en un auténtico laboratorio de vida. Con tanto que ofrecer y todo por tomar, se produjo la explosión del Cámbrico hace 538 millones de años. Y es aquí donde, aun siendo todo como un auténtico borrón que dista mucho de estar resuelto, surgen los artrópodos. ¡Tal cual los conocemos!

Los artrópodos son animales invertebrados caracterizados por poseer un cuerpo segmentado con apéndices articulados y un exoesqueleto endurecido. Entre todos sus representantes, quizás unos de los más antiguos, y también más conocidos, son los «trilobites». Son organismos marinos que poblaron todos los mares del mundo hasta que desaparecieron en la extinción del Pérmico-Triásico, hace 251 millones de años. Han dejado una incontable cantidad de fósiles que han permitido describir más de veinte mil especies diferentes entre las que podemos apreciar las características básicas que hemos utilizado para definir a nuestros protagonistas. Observarlos implicaba ver su segmentación, sus apéndices y su exoesqueleto, todas las partes de la definición. Pero no son los únicos que se suman a esta moda, pues aparecen muchos otros organismos con un patrón corporal casi idéntico. Un ejemplo lo encontramos en el género *Kylinxia.*

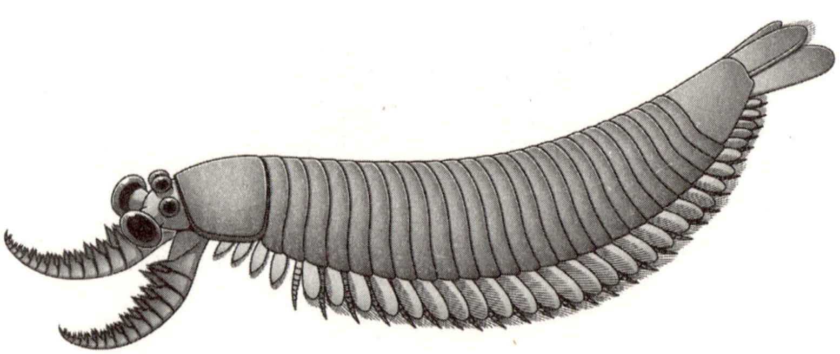

Zheng y colaboradores descubrieron en 2020 un animal que se parece a lo que podría ser un artrópodo de las eras más antiguas [Junnn11 (CC 4.0)].

Desde luego, parece recordarnos remotamente a la forma que podría tener algún crustáceo marino actual. Tal es su parecido con algunos artrópodos actuales que se ha sugerido como el enlace perdido entre ciertos grandes depredadores «artrópodos» (su posición aún sigue en debate) del género *Anomalocaris,* que también poblaron las aguas marinas de hace más de 520 millones de años, y los artrópodos propiamente dichos. ¿Dónde está el primer artrópodo? ¿Cuál fue el nexo de unión de los que lo eran y los que no? No lo sabemos aún.

Esta historia está compuesta por muchísimos hilos entretejidos que son extraordinariamente difíciles de relacionar. Lo que está claro es que, en este período, los artrópodos tal cual los conocemos hoy ya existían, aunque no podemos descartar que no hubiesen poblado el océano mucho antes. Y, además, contaban con algunos de los atributos más característicos de ellos.

En el yacimiento de Burgess Shale, en Canadá, se pudo observar un fósil de otro artrópodo primitivo del género *Marrella* haciendo algo muy especial, ¿se os ocurre el qué? ¡Mudar! Sí, un animal quedó fosilizado en pleno proceso de muda, lo que arroja evidencias de que este fenómeno formaba parte del mecanismo de crecimiento de nuestros actores.

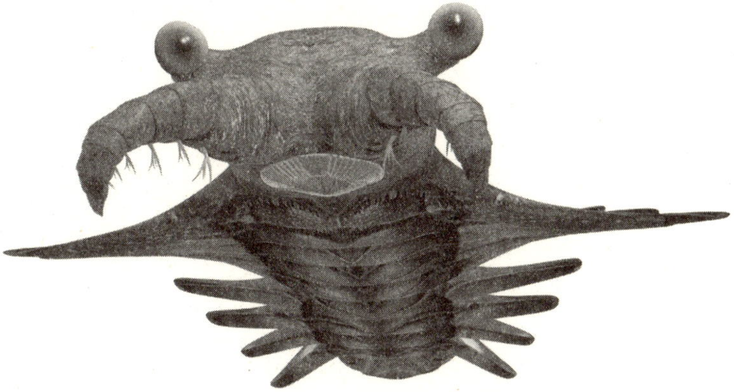

Unos de los depredadores más impresionantes de la época cámbrica fueron los anomalocaris, de grandes dimensiones y fiero aspecto.

Mientras el tiempo iba avanzando, las plantas acabaron emergiendo. Y, en ese momento, el mundo terrestre continuó cambiando. El mundo marino estaba formado por multitud de organismos que habían encontrado en el agua su hogar; pero, con la posibilidad de colonizar un nuevo mundo, los artrópodos también se abalanzaron hacia la tierra firme. En 2004, un conductor de autobús y paleontólogo aficionado, Mike Newman, encontró un fósil que se convertiría en un hito.

Había descubierto al que sería el primer animal terrestre del que se tiene constancia, con una antigüedad de 428 millones de años. Y, por si tenías dudas, era un artrópodo. Concretamente un milpiés que fue bautizado como *Pneumodesmus newmani,* en su honor. En este prehistórico cuadro se conservan varios de los segmentos anteriores de un hipotético animal en el que se apreciaban los resquicios de un primitivo sistema traqueal que le permitiría respirar el oxígeno atmosférico. Esto demuestra que, en este período, al menos los miriápodos ya se encontraban poblando la Tierra. Lo que no sabemos es cómo lo harían. Quizás se encontrasen aquí milpiés de varios metros de longitud, ¿quién sabe?

Fotografía del fósil de *Pneumodesmus newmani* en la que se aprecian los segmentos de un primitivo miriápodo [Xenarachne].

Junto con los crustáceos que se encontraban en el mar, ya eran dos de los cuatro grandes grupos de artrópodos que estaban aprovechando los recursos ofrecidos por el nuevo mundo dominado por el oxígeno. Y es que, en un soplido de tiempo geológico, también de aquellos inciertos momentos se tiene constancia de uno de los primeros arácnidos conocidos. Es un trigonotárbido (Trigonotarbida) adjudicado a la especie *Palaeotarbus jerami*, datado en unos 420 millones de años. En un lapso de tiempo tan corto también los arácnidos estaban empezando a vivir en tierra firme. La vida en la Tierra comenzó a diversificarse. Todos estos pequeños seres estaban ante un nuevo mundo que colonizar. Eran como actores y actrices en una apasionante obra de teatro que estaba aún sin escribir. Los primeros en poner su huella en un libro completamente en blanco. Su exoesqueleto les protegía de la desecación de la que no se tenían que preocupar en el medio marino y les proporcionaba la estructura sobre la que sustentar un aparato locomotor con el que poder desplazarse y soportar la gravedad.

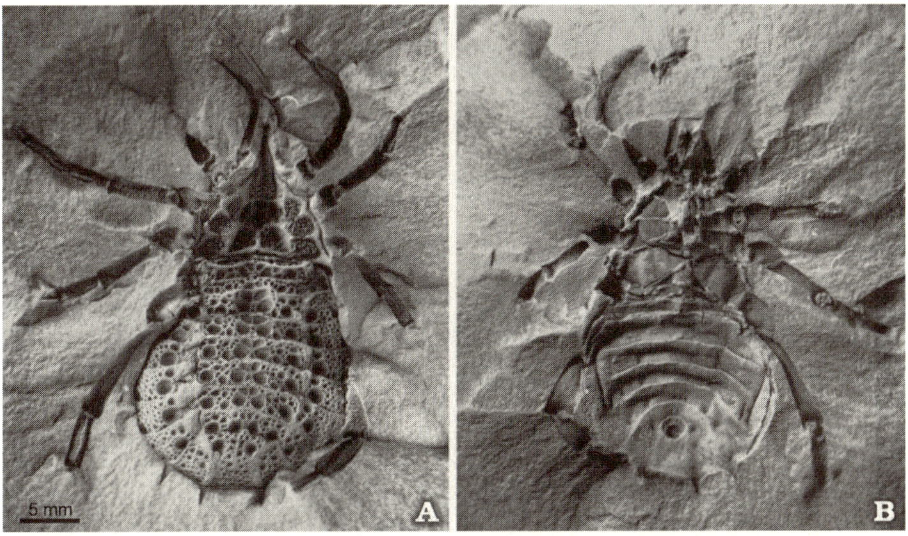

Fósil de trigonotárbido, uno de los primeros arácnidos conocidos, grupo en el que hoy todas sus especies se encuentran extintas [Jason A. Dunlop & Russell Garwood].

Podríamos decir que, a partir de este momento, los artrópodos comenzaron a andar. He de decir que el mundo marino no se quedó atrás, y con el paso del tiempo la diversificación alcanzó límites insospechados. De hecho, de este período datan algunos de los artrópodos más grandes que jamás han existido, como los escorpiones marinos del grupo de los euriptéridos, todos extintos actualmente. Algunos llegaron a medir más de dos metros, convirtiéndose en terribles depredadores de los océanos. En este punto, solo quedan unos actores por aparecer.

El origen de los insectos no está del todo claro. Existe un fósil adjudicado al género *Rhyniognatha* que representa las piezas bucales de un ser primitivo. Uno que, a fin de cuentas, tenía el mismo aparato bucal que muchos de los insectos actuales. Técnicamente existió entre los 407 y los 396 millones de años. Ahora bien, ¿es realmente un insecto? Aún es objeto de debate; pero, ¿dónde está el inicio? Por desgracia, aun se discute. Lo que os puedo confirmar es que en el período Carbonífero, que se inició hace 359 millones de años, aparecieron primitivos fósiles de insectos similares a muchos de los actuales. Uno de los más conocidos son las

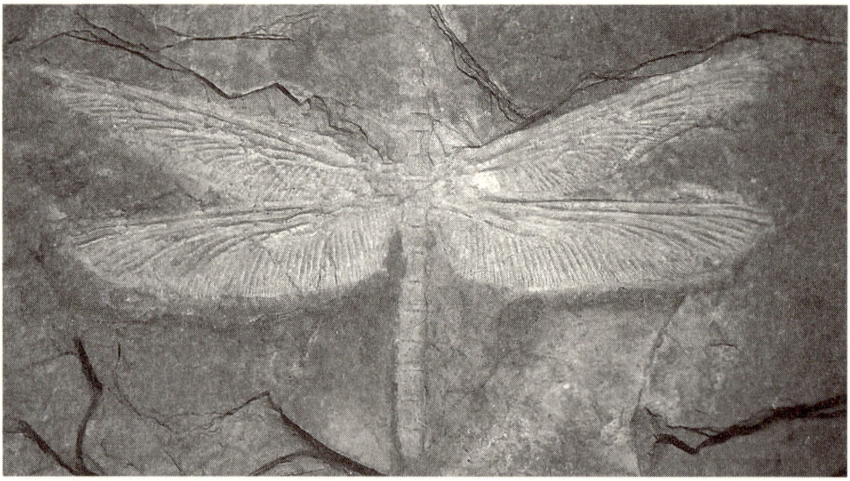

Del período Carbonífero datan libélulas de colosales dimensiones que dominaban una Tierra aún primitiva y diferente a la actual [Ghedoghedo].

libélulas gigantes del género *Meganeura*, que engloba algunos de los insectos voladores fósiles más grandes conocidos.

No es fácil ver una libélula grande, pero en el pasado algunos artrópodos llegaron a ser enormes. Había tanto oxígeno y tantos recursos que desarrollaban unas dimensiones insólitas. Tamaños que hoy solo podríamos encontrar en las películas de ciencia ficción. Lo que está claro es que, a partir de ese período, en una gran cantidad de registros estratigráficos y de resinas de ámbar, aparecen insectos perfectamente conservados que son casi idénticos a muchos de los que hoy viven entre nosotros. Ahora bien, su origen real aún es una incógnita, y solo existen hipótesis.

¿Qué es lo que hace a un insecto ser un insecto? Estos son artrópodos caracterizados, como bien definió el diccionario, por tener tres pares de patas, uno o dos pares de alas, un par de antenas, un sistema de respiración traqueal para adaptarse al mundo emergido, y un cuerpo dividido en cabeza, tórax y abdomen. Estos acabarían convirtiéndose en los animales que han dominado la Tierra desde entonces. Aún hoy lo siguen haciendo, incluso cuando muchos de los organismos con los que han compartido existencia han desaparecido, como los mismísimos dinosaurios.

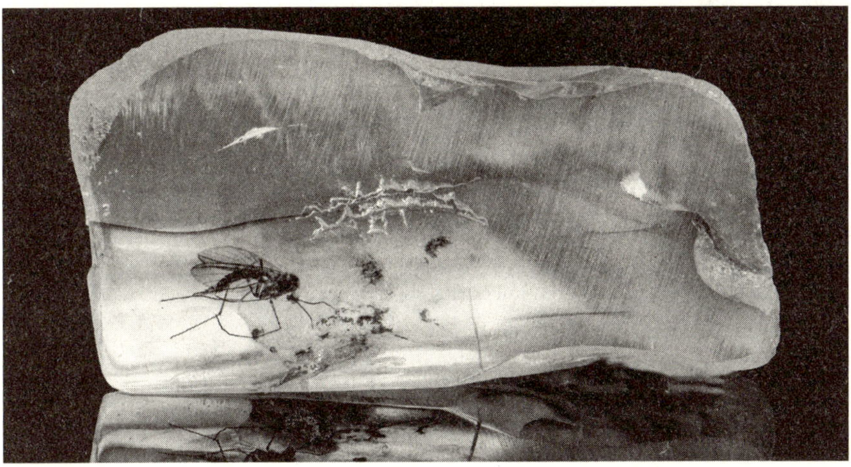

Ámbar báltico con un mosquito en su interior [RomanVX].

En unas líneas hemos resumido cientos de millones de años. El *Homo sapiens* lleva solo doscientos mil en la Tierra, tiempo insignificante si lo comparamos con el que han permanecido nuestros protagonistas. El mundo está dominado por los artrópodos, han sido testigos de los eventos geológicos más importantes y han presenciado toda la historia de la humanidad.

LOS DUEÑOS DEL PLANETA

Quizás el puzle evolutivo de los artrópodos necesite aún muchas piezas para estar completamente resuelto. Pero hay algo que podemos decir con la poca información que tenemos. Los artrópodos son los reyes de la vida en el planeta Tierra, no nosotros. Actualmente, según cálculos, cerca de un 90 % de las especies de animales conocidas y descritas son artrópodos. Es una cantidad nada desdeñable. Se conocen en torno a 6400 especies de mamíferos, más de 10 000 de aves y en torno a 320 000 especies de plantas. Solo por ponerte unos ejemplos. En la actualidad, se conocen unas 400 000 especies de escarabajos; una cifra que supera con creces la suma de los tres anteriores. En número, el resto de formas de vida que pueblan la Tierra han sido soberanamente aplastadas por los reyes de la evolución y la diversificación.

Mires donde mires, tienes más posibilidades de ver un artrópodo que cualquier otro animal. Su modelo ha sido tan exitoso que las estimaciones calculan la diversidad de este grupo en más de diez millones de especies. De toda la biomasa de animales del planeta, los artrópodos ocupan cerca del 50 %. Si colocáramos todos los artrópodos sobre una balanza, pesarían más que todas las personas que vivimos ahora en el planeta. Tanto como la práctica totalidad de grupos animales. Es imposible no pensar, con estas cifras, que la Tierra no esté dominada por los artrópodos. Quizás creamos que tenemos el control; sin embargo, lo tienen ellos. Si hoy se rebelasen y se levantasen en armas contra nosotros, como los delfines de aquel emblemático capítulo de los

Simpson, nos destruirían. Y si por desgracia desapareciesen, con ellos desaparecería la vida sobre la Tierra.

Por un lado, los arácnidos, sumados al resto de quelicerados (¡pronto te explicaré estos conceptos!), superan las más de cien mil especies, de las que aproximadamente solo cincuenta mil son arañas. Los miriápodos son un grupo mucho más modesto, y supera la cifra de las más de dieciocho mil especies conocidas. Los crustáceos, grandes moradores del medio marino, incluyen más de setenta mil especies. En cuanto a los insectos (si incluimos en este grupo a todos los hexápodos) el número de especies conocidas supera la increíble cantidad del millón y medio de especies.

Sin embargo, estas cifras son inexactas. La cantidad de especies que quedan sin describir se antoja ingente. Mientras estás leyendo estas líneas es probable que se hayan descrito unas cuantas especies nuevas de artrópodos. Y, mañana, cuando te levantes, el número habrá vuelto a crecer. Dar un número exacto es prácticamente imposible.

CUANDO LOS MIRIÁPODOS NO GANAN PARA CALZADO

De entre todos los artrópodos que existen, los miriápodos son los que tienen una mayor cantidad de patas. Simpáticos seres de la evolución, dan cada uno de sus pasos con decisión. Son el grupo de artrópodos menos diverso, pero también es uno de los más conocidos por el público general. Sin embargo, son bastante tímidos. La gran mayoría viven en las capas superficiales del suelo, es decir, en el sistema de galerías subterráneas que hay bajo lo que pisamos. Su largo cuerpo es una estrategia para el hábitat que ocupan, ya que les permite introducirse por pequeños recovecos, pero también doblarse o retroceder con facilidad. Son intranquilos, se mueven de forma constante, ocupando sitios húmedos y huyendo de la luz.

Existen dos grupos de miriápodos con pocas especies conocidas, los sínfilos y los paurópodos. Sé lo que estás

Los paurópodos son uno de los grupos más desconocidos que existen [Andy Murray].

Primer plano de *Lithobius*, un ciempiés europeo de la familia Lithobiidae. Presentan unas fuertes forcípulas conectadas a glándulas de veneno para apresar y matar a sus presas [Lukas Jonaitis].

pensando: «¿qué son estos seres de los que nunca he oído hablar?». Quizás te quedes más tranquilo sabiendo que muchos entomólogos, en este caso «miriapodólogos», ni siquiera los conocen o los han visto. Su biología es desconocida. Qué hacen y cómo viven y se reproducen sigue siendo un auténtico misterio. Podríamos decir que viven en el subsuelo, alimentándose de materia orgánica en descomposición o succionando los exudados de ciertos hongos.

Han quedado eclipsados, sin duda, por otros dos grupos más diversos. Por un lado, los diplópodos, comúnmente conocidos como milpiés, detritívoros, mineros de los más expertos que existen que excavan ensanchando agujeros en el sustrato con su cabeza y rompiendo pequeñas piedras. Su movimiento de patas es completamente hipnótico, y más allá de alguna que otra plaga agrícola, son animales que gustan a todo el mundo. En el otro extremo, tenemos a los quilópodos, o ciempiés. Estos son todo lo contrario a un milpiés. Aunque conviven con ellos, se han convertido en asesinos. Son cazadores incansables que buscan activamente presas a las que matan inyectándoles veneno mediante unos apéndices modificados denominados «forcípulas». No son lentos como los diplópodos. Al contrario, los ciempiés son extraordinariamente rápidos y recorren grandes distancias con sus espasmódicas patas.

Entre todo su fantástico mundo de curiosidades hay algo que merece la pena mencionar. Todos los miriápodos crecen mediante sucesivas mudas. Sin embargo, los quilópodos pueden tener dos estrategias. Ciertos órdenes son «anamórficos». Cuando los jóvenes nacen del huevo tienen menos segmentos que los adultos y, por ende, menos patas. En cada una de las mudas, es como si el ciempiés fuese añadiendo fascículos a su cuerpo. Sin embargo, los «epimórficos» son todo lo contrario. De los huevos emergen ciempiés con todos los segmentos que van a tener el resto de su vida. Si ese ejemplar está destinado a tener 120 pares de patas, del huevo nacerá un joven ciempiés con todos esos pares de patas. Imagínate salir del cascarón teniendo que lidiar con tantos pares de patas. ¡Qué agobio! Nosotros podemos tardar hasta un año en ponernos de pie para gestionar solo dos extremidades, imagínate si fuesen más de cien. Y, más allá de los grupos minoritarios que quizás te cueste ver alguna vez, separar los diplópodos y los quilópodos es sencillo. Los ciempiés presentan un único par de patas por cada segmento de su cuerpo, mientras que los milpiés tienen dos pares de patas por segmento. Si a eso le sumas la velocidad, nunca te confundirás a la hora de identificarlos. No te inquietes, aparecerán en múltiples ocasiones entre las páginas de este libro para contarnos algunos de sus más oscuros, pero también enternecedores, secretos.

CRUSTÁCEOS: LOS REYES DEL MAR

Terceros en la cola de la diversidad dentro del mundo de los artrópodos, los crustáceos son los reyes del mar. Su éxito llega en las opulentas cenas de Navidad en las que todo el mundo se vuelve experto en gambas, camarones, centollos, quisquillas o langostas; pero los crustáceos son mucho más que esto. Eminentemente marinos, descubriremos que son pocos los ejemplares que se han aventurado más allá del gran azul. Se han quedado custodiando el territorio que el resto de artrópodos abandonaron en algún momento de la evolución. Algunos incluso son pésimos nadadores, impensable para unos seres que viven en el agua.

Otro tema interesante es su peculiar ciclo de vida caracterizado por distintas fases larvarias a menudo microscópicas, que no se parecen en nada al organismo adulto. Las larvas *nauplius, metanauplius* o *zoea* son algunos ejemplos de esos estadios por los que la mayoría de crustáceos se ven obligados a pasar. Curiosamente, cuando comenzó su estudio, estos estadios microscópicos llegaron a describirse como especies de microcrustáceos. Nadie los había asociado a una fase intermedia de, por ejemplo, una cigala.

La taxonomía de los crustáceos es extraordinariamente compleja, e incluye grupos casi ignotos y poco diversos como

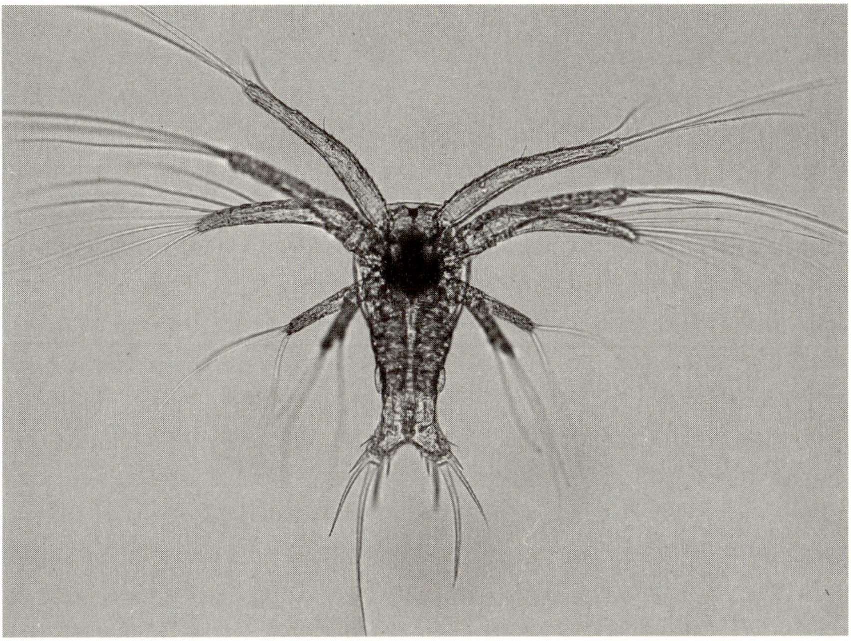

Esta larva *nauplius* microscópica es, aunque no lo parezca, una gamba o camarón de las que podemos adquirir en las pescaderías [BCTumSS].

los remipedios, los mistacocáridos o los cefalocáridos de lo que, por desgracia, no vamos a hablar en este libro. Siento muchísimo el *spoiler*, pero de entre todos los seres que vamos a mencionar, hay algunos grandes damnificados, y en este caso, ellos no aparecerán más por aquí. ¡Pero no te preocupes, existen muchos otros grupos que sí exploraremos!

¿Qué me decís de los tecostráceos que, entre otros, engloban los cirrípedos? ¿Sabíais que son los animales que se adhieren a los cachalotes y viajan con ellos? ¿O que son el ser con el pene más largo en relación con su tamaño de todo el reino animal? También podemos encontrar aquí pequeños crustáceos como ostrácodos, copépodos u otros que forman parte de las cadenas tróficas, y son el sustento de muchos otros organismos. Forman parte de todos los organismos que viven en una sola gota de agua.

¿Y qué me decís si os digo que existen crustáceos que son parásitos? ¿Y otros que no tienen ni un ápice del aspecto de

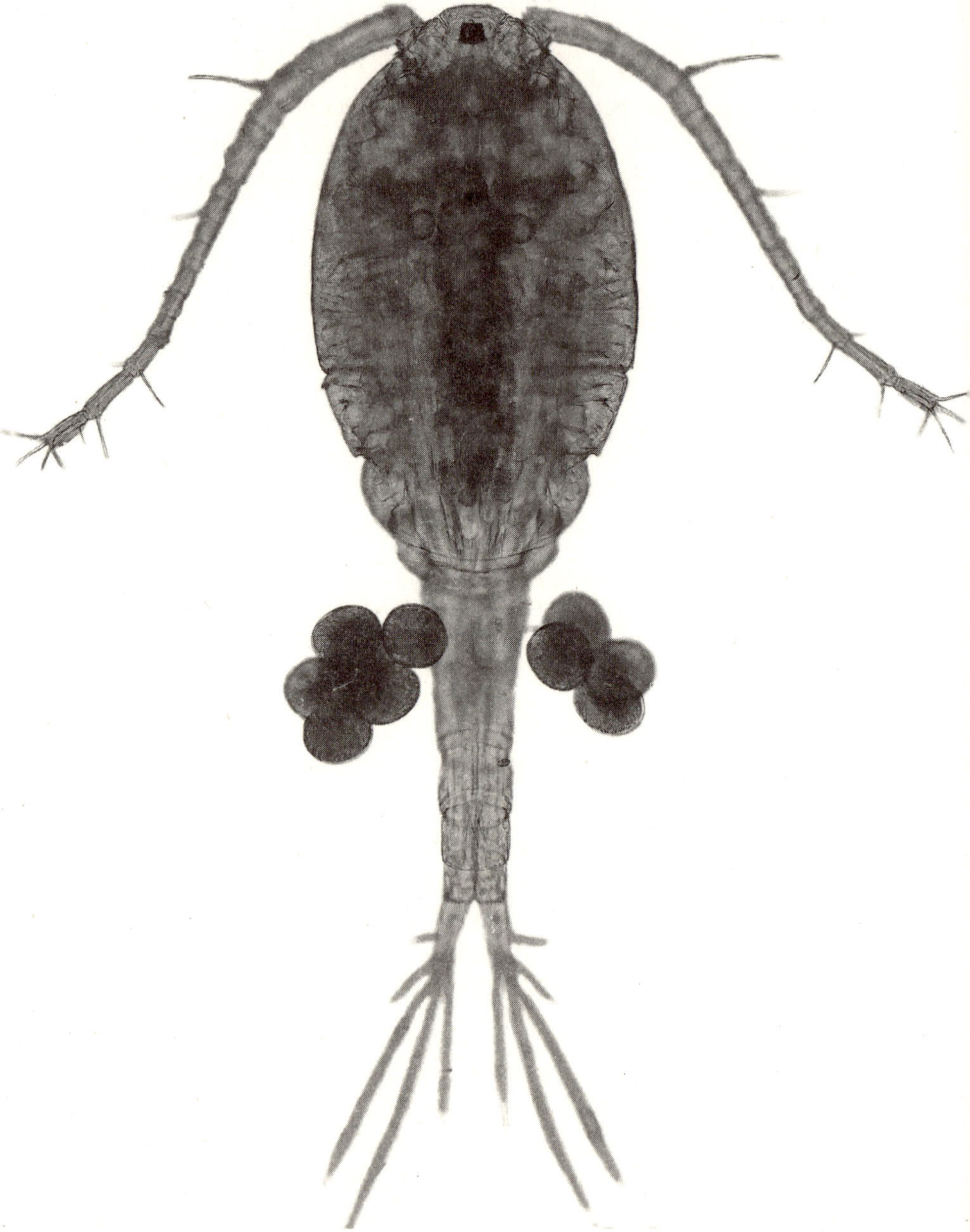

Los copépodos (zooplancton) son un grupo de pequeños crustáceos que se encuentran en el hábitat marino y de agua dulce [Choksawatdikorn].

un crustáceo? Los crustáceos son un mundo lleno de posibilidades. Existen seres amantes del océano, pero también otros que desdeñan de él. Herejes evolutivos y algunos de los organismos más antiguos sobre la faz de la Tierra.

Los crustáceos son como una gran y variada ensalada mixta de especies. Sin embargo, entre todos, destacaremos a los malacostráceos. Son los crustáceos más ampliamente distribuidos, estudiados y conocidos. En este grupo se incluyen todos los que encontramos en las pescaderías, pero también los cangrejos ermitaños, camarones, los conocidos cangrejos de río, el microscópico krill del que se alimentan las grandes ballenas azules, e incluso seres que han llegado al límite de su capacidad de supervivencia intentando eliminar el término «crustáceo» de su «Documento Artrópodo de Identificación». Sea como sea, los malacostráceos son los grandes triunfadores de los crustáceos y nueve de cada diez personas a las que les preguntes conocerán alguna especie de este grupo, mas no de todos los anteriores. Eso sí, todos forman parte de los ecosistemas: como basureros, como temidos depredadores o temerosas presas, como detritívoros… atesorando algunos récords de todo el mundo animal. No habrá ninguna especie que te deje indiferente.

EL ESTIGMA DE LOS QUELICERADOS

En el podio del número de especies, los quelicerados han quedado en segundo lugar. Reciben su nombre por poseer un par de quelíceros, un par de apéndices cercanos a la boca que, entre otras muchas funciones, pueden estar conectados a glándulas de veneno para matar o inmovilizar a las presas que capturan, como es el caso de las arañas. Casi la práctica totalidad de especies descritas son cazadoras.

¿Sabías que en torno a un máximo del diez por ciento de la población mundial se considera aracnofóbica? ¿Y qué me dices

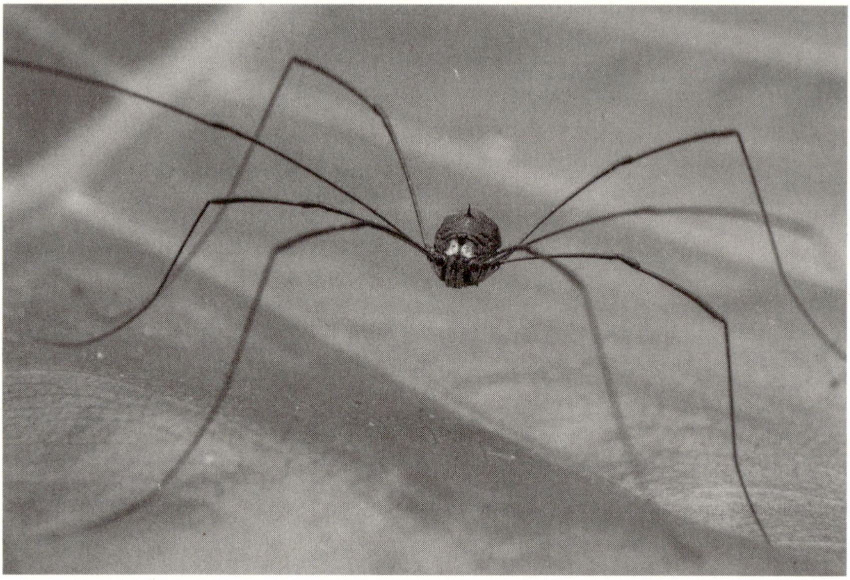

Los opiliones son un grupo de arácnidos (pero no arañas) en el que muchas especies presentan patas extremadamente largas. Aun con su aspecto, son inofensivos y en su mayoría detritívoros [Ricky Kuo].

Los cangrejos cacerola o xifosuros, considerados como fósiles vivientes, son uno de los pocos quelicerados que aún viven en el océano [Jarous].

del miedo hacia los opiliones, también conocidos como segadores, por su parecido externo a una araña de largas patas? (No todos los arácnidos son arañas). ¿O que hay grupos, como los xifosuros o los picnogónidos que aún viven en el mar?

No obstante, dentro de este grupo, los más diversos son los arácnidos. Se caracterizan por tener cuatro pares de patas, aunque algunas de ellas se han trasformado en otras estructuras. Y si no, ¿qué me dices de las pinzas de escorpiones o pseudoescorpiones? ¿O de las de otros como esquizómidos, amblipigios o uropigios? Sin embargo, estos grupos son más bien minoritarios. Los más representativos son también los más temidos: acariformes y arañas. ¿Por qué tienen tantas patas y tantos ojos? ¿Por qué son seres tan peludos? ¿Por qué están en todos los lados? Aunque venenosas, la gran mayoría de especies no suponen un riesgo real para el ser humano. Sin embargo, siguen siendo aplastadas o expulsadas de nuestro entorno una vez que las localizamos. Dicen que la aracnofobia evolucionó como una estrategia de reacción frente al peligro que entrañaban las arañas venenosas para el ser humano. En este libro también trataré de que conozcas algunos de los arácnidos que, lejos de asustarte, aprenderás a admirar. Porque no todo es tan monstruoso como te lo pintan las novelas de ciencia ficción.

EL TRIUNFO DE LOS INSECTOS

Por último, llegamos a los hexápodos. Espérate, ¿no estamos con los insectos? Es que, en este caso, hay un fallo en la matriz. Los hexápodos son el grupo de artrópodos que se caracteriza por tener tres pares de patas. Dicen que seis ha sido el número del éxito. La práctica totalidad de artrópodos que viven con nosotros poseen el seis en su anatomía. Ahora bien, existe un pequeño grupo de organismos que aún hoy no se consideran insectos, pero se cree que son la etapa más basal de la evolución de los mismos. Hablo de colémbolos, dipluros y proturos. Se han quedado a las puertas del éxito. Son tan pequeños que pasan completamente desapercibidos.

Ahora sí que sí, hemos llegado a los triunfadores del podio. ¡Los insectos! A los que Franz Kafka eligió para su emblemática obra *La metamorfosis.*

Los colémbolos son hexápodos no insectos, primitivos, de pequeño tamaño, que forman parte de muchos ecosistemas del mundo [Rainer Führmann].

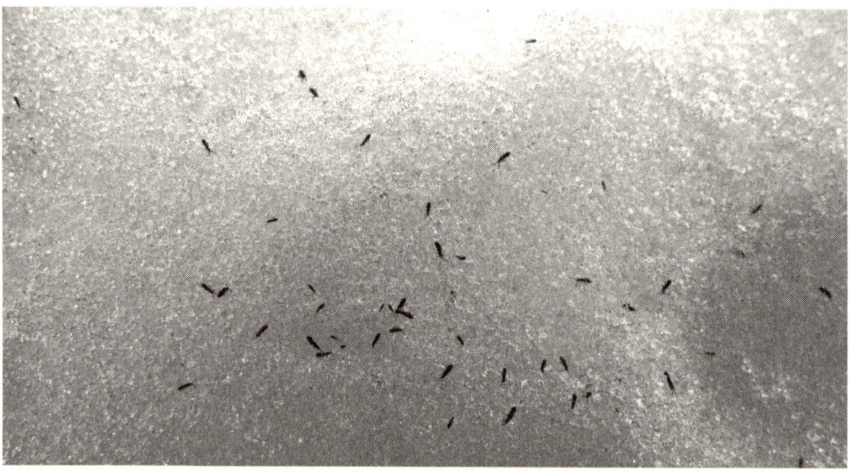

Las pulgas de los glaciares (*Desoria saltans*) despiertan tras la hibernación para reproducirse [Gabinete Maximiliano].

No les ha quedado un solo ecosistema sin conquistar. Mires hacia donde mires, seguro que hay un insecto cerca. ¿Cuál es el hábitat más extremo sobre la faz de la Tierra que te puedas imaginar? ¡Seguro que hay insectos! De mi mano visitarás desiertos, glaciares, montañas, selvas, bosques, ciudades, ríos, lagos e incluso la piel de otros animales. Y en todos esos sitios, siempre encontrarás insectos, te lo garantizo.

La definición de insecto cabalga sobre un pequeño error. Aunque la mayoría tienen uno o dos pares de alas en al menos algún punto de su ciclo de vida, existe un primitivo grupo que no lo tienen. Son los llamados «apterigotas» e incluye a los pececillos de plata y a los pececillos de cobre. Todos los demás pertenecen al selecto club de los que poseen alas, también denominados «pterigotas». Y es que, piénsalo por un momento. Tener alas es una de las mejores adaptaciones que podrías desarrollar en un mundo terrícola virgen por colonizar. Volar se convirtió en la mejor herramienta para viajar por todo el globo terráqueo. «¿Huir de los depredadores? ¿Alcanzar esas hojas de aquel árbol? ¿Escabullirme entre estas rocas? ¿Pasar de un lado a otro del río?». Todo es más fácil cuando tienes alas, bien durante toda tu vida o, al menos, en algún momento. En este grupo encontramos la práctica totalidad de artrópodos que conocemos. ¿Esa coqueta mariposa que danza en tu jardín? ¿Esa luchadora mantis que te observa inmóvil? ¿Las cucarachas que viven en tu hogar? ¿Las incansables abejas de la miel? ¿La mosca que planea conquistar el mundo con su frotar de patas? ¿Esa chinche? ¡Bienvenido al mundo dominado por los insectos! Eso sí, no todos funcionan de la misma manera.

Es importante que definamos aquí dos conceptos sencillos vinculados al desarrollo y crecimiento de los insectos. Hablamos de los insectos «hemimetábolos» y los «holometábolos». Los primeros presentan un ciclo de vida caracterizado por sucesivas mudas en las que una «ninfa» (o «náyade», según autores y grupos) va creciendo poco a poco. En los sucesivos estadios, esta ninfa va pareciéndose cada vez más al adulto, aunque con excepciones. En la última muda, y ya con esbozos alares, emerge como un reproductor alado. Ahora bien, en el caso de los holometábolos, las «larvas» van

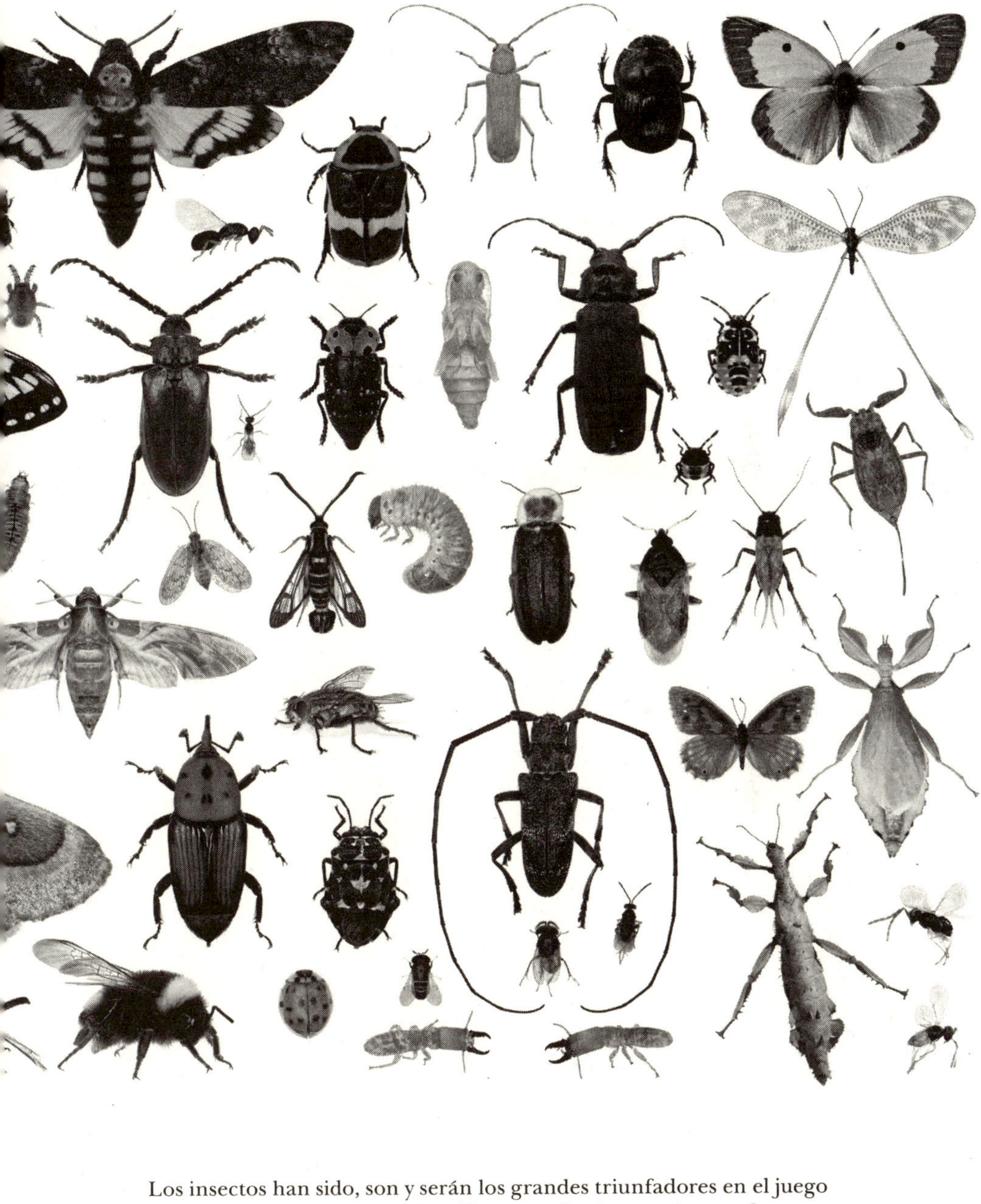

Los insectos han sido, son y serán los grandes triunfadores en el juego de la evolución. Con más de millón y medio de especies, sus formas de vida dan para escribir un sinfín de libros [Protasov AN].

creciendo con posteriores mudas, pero no se parecen casi nunca al adulto. Tras un período de tiempo, que puede ser largo o corto, la larva u oruga quedará encerrada en un capullo o crisálida. Y es aquí donde se producirá el fenómeno más mágico de toda la vida de ciertos insectos: la metamorfosis. La completa reestructuración anatómica para convertirte en un organismo totalmente diferente. Esto ha sido lo que más éxito ha tenido, y es que, cuando larva y adulto utilizan distintos recursos y hábitats, la competencia entre ellos desaparece o, al menos, se ve reducida.

Sin duda es un mundo apasionante, cargado de un sinfín de historias que, por mucho que lo intentásemos, no cabrían en uno ni dos ni probablemente en mil libros. Solo los co-

Una mariquita (vaquita de San Antonio o catarina) sobre una flor [Akphotographer].

leópteros, los lepidópteros, los dípteros y los himenópteros tienen una cantidad de reclutas entre sus filas de unas dimensiones colosales. ¿Te imaginas contar la historia de los más de cien mil abejas, avispas y abejorros que hoy viven entre nosotros? Nos haríamos viejos contándolas y nunca acabaríamos.

La taxonomía de los artrópodos es extraordinariamente compleja. Muchos especialistas en artropodología se dedican exclusivamente a un grupo de ellos, o, si me apuras, a una familia, un género o incluso un pequeño grupo de especies. Por muy experto en escarabajos que seas, nadie osaría conocer la absoluta totalidad de todas las especies del globo terráqueo. Por lo tanto, y por desgracia, sobre muchos organismos no sabemos absolutamente nada, ni siquiera dónde viven ni qué comen. Sea como sea, solo quiero que te suenen los nombres porque, a lo largo de las páginas de este libro, hablaremos de muchos de ellos. Desvelaremos sus historias más ocultas, sacaremos a la luz sus secretos más oscuros y nos sorprenderemos con sus estrambóticas formas de vida. Trataremos de buscar respuestas a preguntas que te has planteado durante mucho tiempo. ¿Y si los artrópodos tuviesen los secretos para resolver algunos de nuestros problemas? Pues sí, la realidad es que los tienen. Los vas a conocer sorprendiéndote por lo que son capaces de hacer. Permíteme guiarte con un candil en cada mano y fabulosas historias que contar.

LA TAXONOMÍA DE LOS ARTRÓPODOS

Por último, consideramos importante dejar aquí un resumen taxonómico. Plasmamos la clasificación, en nuestra opinión, que es más visual y aceptada para quien se está iniciando en la entomología.

FILO ARTRÓPODOS (ARTHROPODA)[1]

SUBFILO QUELICERADOS (CHELICERATA)

Clase Xifosuros (Xiphosura) - cangrejos cacerola o merostomados

Clase Picnogónidos (Pycnogonida) - arañas de mar

Clase Arácnidos (Arachnida)

- Orden Ricinúlidos (Ricinulei) - garrapatas encapuchadas
- Orden Palpígrados (Palpigradi) - microescorpiones látigo
- Orden Uropigios (Uropygi) - escorpiones látigo o vinagrones
- Orden Amblipigios (Amblypygi) - arañas látigo
- Orden Esquizómidos (Schizomida) - pequeños escorpiones látigo
- Orden Solífugos (Solifugae) - arañas camello
- Orden Escorpiones (Scorpiones) - escorpiones
- Orden Pseudoescorpiones (Pseudoescorpiones) - falsos escorpiones
- Orden Opiliones (Opiliones) - opiliones o segadores
- Orden Ácaros (Acari) - ácaros y garrapatas
- Orden Arañas (Araneae) - arañas

SUBFILO MIRIÁPODOS (MYRIAPODA)

Clase Sínfilos (Symphyla) - pseudociempiés o falsos ciempiés

Clase Paurópodos (Pauropoda) - paurópodos

Clase Quilópodos (Chilopoda) - ciempiés

Clase Diplópodos (Diplopoda) - milpiés

1 En ciertos grupos, las categorías taxonómicas como clase, subclase, orden o superorden están sujetas a interpretaciones, según distintos autores, o es una simplificación de algo mucho más complejo.

SUBFILO CRUSTÁCEOS (CRUSTACEA)

Clase Remipedios (Remipedia)

Clase Cefalocáridos (Cephalocarida) - camarones herradura

Clase Branquiópodos (Branchiopoda) - incluye las gambas duende, pulgas de agua, artemias, espinicaudados y triops

Clase Maxilópodos (Maxillopoda)

Subclase Mistocáridos (Mystocarida)

Subclase Branquiuros (Branchiura) - piojos de peces

Subclase Pentastómidos (Pentastomida) - gusanos lengua

Subclase Tantulocáridos (Tantulocarida)

Subclase Copépodos (Copepoda) - microcrustáceos

Clase Ostrácodos (Ostracoda) - microcrustáceos

Clase Tecostráceos (Thecostraca) -incluye los percebes, bellotas de mar, ascotorácidos y facetotectos

Clase Malacostráceos (Malacostraca)

Subclase Filocáridos (Phyllocarida)

Subclase Hoplocáridos (Hoplocarida) - camarones mantis

Subclase Eumalacostráceos (Eumalacostraca) - incluye los sincáridos, los peracáridos (anfípodos, cumáceos e isópodos, entre otros) y los eucáridos (decápodos como los cangrejos y grupos afines)

SUBFILO HEXÁPODOS (HEXAPODA)

Clase Entognatos (Entognatha)

Orden Dipluros (Diplura) - «dos colas»

Orden Proturos (Protura) - proturos

Orden Colémbolos (Collembola) - colémbolos o saltadores

Clase Insectos (Insecta)

Subclase Apterigotas (Apterygota) - insectos no alados

Orden Microcorifios (Microcoryphia) - saltadores de roca

Orden Zigentomos (Zygentoma) - pececillos de plata

Subclase PTERIGOTAS (Pterygota) - insectos alados

Orden EFEMERÓPTEROS (Ephemeroptera) - efímeras o efémeras

Orden ODONATOS (Odonata) - libélulas y caballitos del diablo

Orden PLECÓPTEROS (Plecoptera) - moscas de las piedras

Orden ZORÁPTEROS (Zoraptera) - insectos ángel

Orden EMBIÓPTEROS (Embioptera) - tejedores

Orden NOTÓPTEROS (Notoptera) - gladiadores

Orden FÁSMIDOS (Phasmatodea) - insectos palo, hoja y corteza

Orden BLATODEOS (Blattodea) - cucarachas y termitas

Orden MANTODEOS (Mantodea) - mantis

Orden DERMÁPTEROS (Dermaptera) - tijeretas

Orden ORTÓPTEROS (Orthoptera) - saltamontes y grillos

Orden PSOCÓPTEROS (Psocoptera) - piojos de los libros

Orden TISANÓPTEROS (Thysanoptera) - trips

Orden FTIRÁPTEROS (Phthiraptera) - piojos

Orden HEMÍPTEROS (Hemiptera) - saltadores de hojas, pulgones y cigarras (homópteros) y chinches (heterópteros)

Orden ESTREPSÍPTEROS (Strepsiptera) - parásitos de alas retorcidas

Orden RAFIDIÓPTEROS (Raphidioptera) - moscas serpiente

Orden MECÓPTEROS (Mecoptera) - moscas escorpión

Orden MEGALÓPTEROS (Megaloptera)

Orden SIFONÁPTEROS (Siphonaptera) - pulgas

Orden TRICÓPTEROS (Trichoptera) - polillas estuche o peludas

Orden NEURÓPTEROS (Neuroptera) - incluye hormigas león, mantíspidos, crisopas y grupos afines

Orden HIMENÓPTEROS (Hymenoptera) - abejas, abejorros, avispas, avispillas y hormigas

Orden LEPIDÓPTEROS (Lepidoptera) - mariposas y polillas

Orden DÍPTEROS (Diptera) - moscas, mosquitos y típulas

Orden COLEÓPTEROS (Coleoptera) - escarabajos

II. ¿PARA QUÉ SIRVE UN «BICHO»?

«No ser útil a nadie equivale a no valer nada».
RENÉ DESCARTES

Durante miles de millones de años, la vida en la Tierra ha evolucionado de una forma extraordinariamente compleja. Todo está íntimamente interconectado. Entretejidas como los hilos de una tela de araña, todas las formas de vida cumplen una función. No hay una que no se entienda sin la presencia de otra. El sistema se ha ajustado tanto a lo largo del tiempo que una pequeña perturbación puede provocar una reacción en cadena catastrófica. Como aquella metáfora sobre la teoría del caos en la que el aleteo de una mariposa provocaba un huracán en la otra parte del mundo.

Ya lo dijo René Descartes: «No ser útil a nadie equivale a no valer nada». En el mundo natural no existe una sola forma de vida que no sirva para algo. Incluso aquellas a las que no les encontramos una razón de ser, la tienen. De la inmensa cantidad de artrópodos que pueblan la Tierra, algunos de los más estudiados son los que nos afectan más directamente. Pero, ¿para qué nos sirve un artrópodo? ¿Cuáles son sus funciones? ¿Cuánto depende nuestra vida y el mundo que nos rodea de ellos?

Traslademonos a un punto completamente aleatorio del planeta. Una pequeña semilla reposa en el suelo. En su milimétrico interior tiene toda la información para crear un organismo fotosintético completo. Mas no aquí, bajo su propio árbol madre. La levantan del suelo. Una hormiga la iza con sus mandíbulas. Y, comienza su viaje. La transporta con constancia, con la finalidad de llegar a su hormiguero. Quizás en el camino se encuentre con algún que otro problema que haga que la semilla acabe varada en un lugar diferente. O quizás llegue a destino. Sea como fuere, la semilla se ha movido sin ser capaz de hacerlo por sí misma.

Gracias a los artrópodos, muchas semillas se mueven por los ecosistemas, dando lugar a algunos de los patrones de distribución de organismos vegetales que apreciamos. Una función que históricamente ha estado ligada a mamíferos y aves, pero en la que los artrópodos también tienen un papel protagonista. En este caso, la hormiga se sorprende ante una amenaza cuando transita bajo un arbusto. Asustada, se desprende de su botín y huye. La semilla vuelve a quedar abandonada. Pero a más de medio kilómetro de su progenitor.

Las hormigas son capaces de mover semillas, haciendo que la vegetación colonice zonas relativamente lejanas [Itsik Marom].

Bajo la capa superficial de la tierra existe una prolífica actividad. Un milpiés se introduce entre pequeños huecos en busca de algo que comer. Mientras lo hace, va removiendo la tierra. Tritura la materia orgánica en descomposición de la que se alimenta. Abre angostas galerías en el sustrato. Lo ablanda. Lentamente, la comunidad de seres subterráneos prepara el suelo, reblandecido, fácil de atravesar, aireado y fertilizado.

Tras las lluvias, el agua lo cubre todo. La humedad provoca la transformación de la semilla. El primordio de una raíz se introduce en el sustrato. No encuentra resistencia. Crece más y más enterrándose en el suelo, preparada para captar el agua y las sales minerales que necesita. En el otro extremo unas hojas emergen coronando un tallo; preparadas para fotosintetizar. Una nueva vida se ha abierto paso.

La dispersión de semillas, así como la transformación, fertilización y oxigenación del suelo son algunos de los servicios ecosistémicos tremendamente importantes que pasan desapercibidos y que, entre otros, nos brindan los artrópodos.

Los grillotopos son ortópteros que viven bajo el suelo. Mientras excavan sus galerías mueven la tierra, la airean y la dejan suelta, en condiciones óptimas para la germinación de las plantas [Videocorpus].

La polinización es una de las funciones que debemos agradecer mayoritariamente a los insectos [Tsekhmister].

¡DEL CAMPO AL PLATO!

No podríamos concebir el mundo sin la domesticación de la fauna y la flora. La semilla ha podido crecer y prosperar gracias a la ayuda de muchos otros operarios silenciosos; de los que nos hemos beneficiado desde el inicio de la agricultura…, ¡e incluso antes!

Imaginemos dos agricultores. Están cuidando una feraz plantación de tomates. El sol se cierne sobre ellos y para evitar una insolación se retiran. Sin embargo, cuando la temperatura continúa aumentando, llegan los especialistas del segundo turno. Las abejas pecoreadoras se acercan al cultivo. Asustadizas moscas también buscan el recurso más preciado. Con la importante cobertura forestal de la plantación, el lugar se convierte en un bufé libre para los insectos. Multitud de nefelibatas se acercan atesorando polen y néctar. Visitan las flores con paciencia, tratando de localizar su recompensa. Y, al mismo tiempo, consiguen cerrar el ciclo una vez más. Transportan el polen de flor en flor, permitiendo que se produzca el intercambio genético entre distintos individuos vegetales que están anclados al suelo.

Durante horas de extenuante calor, los insectos voladores cumplen uno de los servicios ecosistémicos más importantes: la polinización. No en vano, si no contásemos con estos seres, más del 85 % de las plantas silvestres y el 75 % de los cultivos de los que nos alimentamos no se podrían reproducir. Así, al día siguiente, a primera hora de la mañana, los agricultores captarán un aroma distinto. Muchas flores se habrán marchitado ligeramente, porque comienzan a experimentar un nuevo proceso. La sorprendente transformación de las flores en su correspondiente fruto. Y, por ende, en poco menos de un mes, esta familia podrá estar recolectando tomates.

Reflexionemos, ¿cuántas frutas encuentras en tu supermercado? Están ahí porque un sinfín de artrópodos han participado en hacer que, desde el campo, esos manjares acaben en tu frutero. Desde esa mosca que tanta grima te da hasta la amada, reputada y ordenada abeja de la miel.

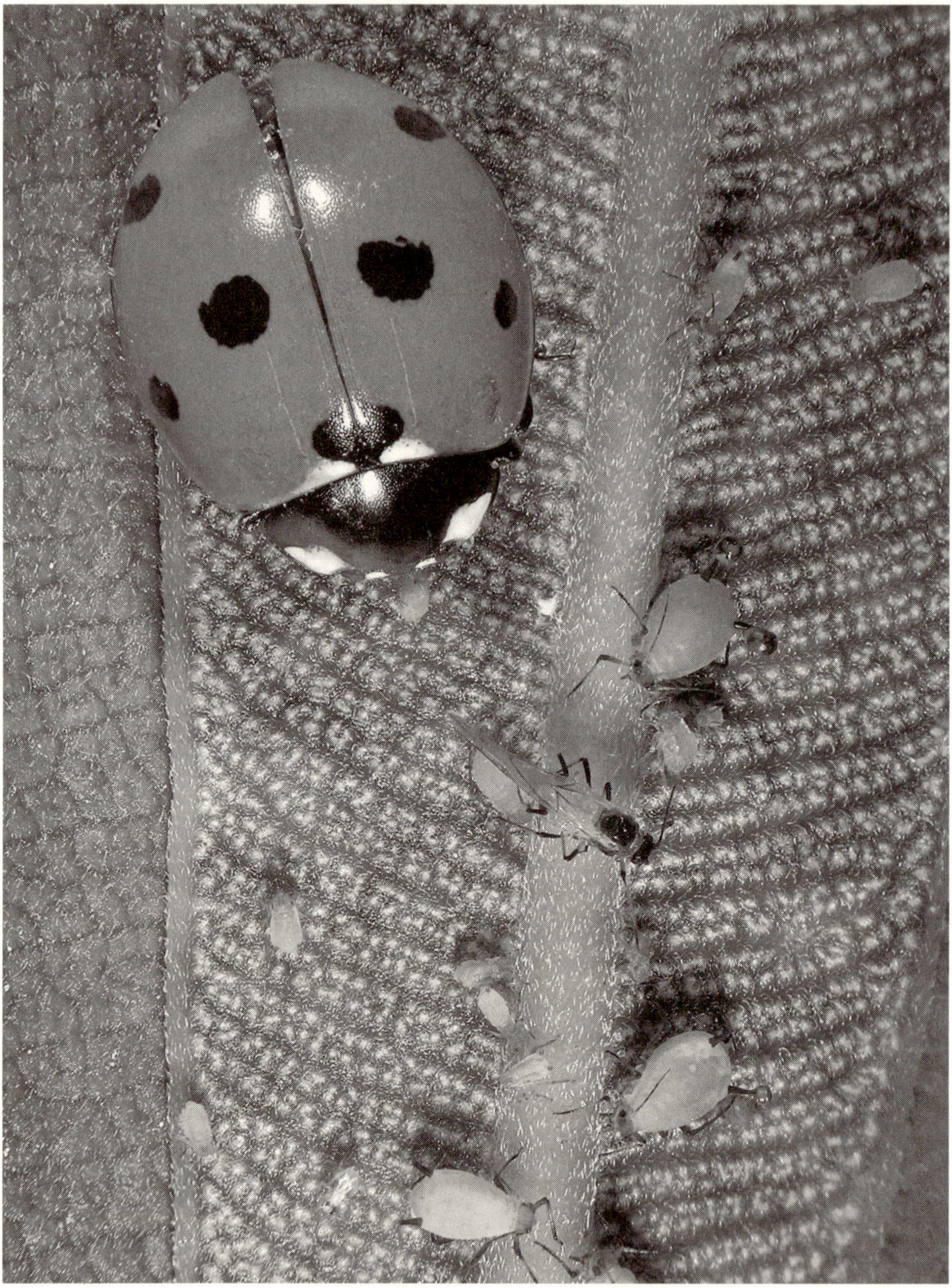

El control biológico también es una función importante que desempeñan los insectos. Las mariquitas, por ejemplo, son capaces de comerse ingentes cantidades de pulgón cada día [Protasov AN].

EL EQUILIBRIO EXACTO DE TODAS LAS COSAS

La naturaleza puede ofrecer una enorme cantidad de recursos, pero la familia de agricultores ve con miedo cómo este año sufren una importante plaga en algunos de sus cultivos. Sus campos de lechugas, acelgas, repollos y lombardas están siendo atacados. Cuando hay alimento de más, aquellos preparados para ingerirlo comenzarán una efervescencia reproductiva. ¡Pero no por mucho tiempo! Ahí están también los artrópodos para llevar el juego hasta el siguiente nivel.

El control biológico de plagas es otro de los servicios ecosistémicos que nos proporcionan los artrópodos. Son muchos los que se encargan de regular las poblaciones de otros artrópodos que conforman plagas. Quizás no podamos eliminarlas por completo, pero sí limitar sus daños. ¿Sois conscientes de la cantidad de mosquitos que puede cazar una libélula en vuelo? ¿O la de pulgones que una mariquita o una larva de una crisopa pueden eliminar en una jornada? De esta forma, también ayudan a hacer que los ecosistemas funcionen adecuadamente y se mantengan equilibrados.

Además, son una de las principales bases que sustentan las cadenas tróficas de todas las regiones del mundo. Recuerda que suponen el cincuenta por ciento de la biomasa existente. De una manera u otra, todos los animales y plantas que existen dependen de los artrópodos. No solo aquellos depredadores que encuentran en los artrópodos un suculento plato; sino también aquellos que, aunque estos no formen parte de su menú, se relacionan indirectamente con ellos. ¿El león de la sabana africana? Quizás se pase el día en busca de gacelas de Thomson; pero, ¿de qué se alimentan estos herbívoros? Pues sí, de plantas. Muchas quizás no necesiten de los insectos para ser polinizadas año a año, pero sí que dependen de ellos para que el sustrato esté en las mejores condiciones para la germinación de las semillas y la aireación de las raíces.

Los artrópodos controlan a otros artrópodos, pero también controlan a vertebrados y otros organismos mediante complicadas y sorprendentes relaciones de simbiosis y parasitismo que trataremos de descubrir en este libro.

Un grupo de *Chrysomya megacephala* cubren por completo estas heces mientras se alimentan [Jan Schoepe].

Y es que, aunque podríamos seguir indicando una cantidad insospechada de funciones ecosistémicas desempeñadas enteramente por los artrópodos, en este punto merece la pena finalizar con una más. ¿Quién no practica el reciclaje? Siendo conscientes de la cantidad de formas de vida que existen, también es enorme la cantidad de residuos que producen. ¿Os imagináis cuantos excrementos se generan en un único harén de cebras? ¿O en un bando de grullas?

¿Por qué encontrar cadáveres de animales en la naturaleza es tan complicado? La naturaleza ha contratado a un incansable grupo de basureros que trabajan día y noche, para que este tipo de residuos no se acumulen en los ecosistemas.

Más allá de los vertebrados que se comportan como carroñeros, los artrópodos tienen sobre sus hombros el peso de la descomposición de excrementos y cadáveres. Son los encargados de aprovechar esos recursos, y devolver los nutrientes al sistema. Ellos ya inventaron el reciclaje antes de que lo hiciésemos nosotros. Reducen, reciclan y reutilizan.

Si ahora mismo, mediante el chasquido de los dedos del ser más poderoso del universo, la práctica totalidad de artrópodos de la Tierra desapareciese, y suponiendo que no ocurriera un colapso previo, todo estaría repleto de los restos de otros animales, sin nadie que esté dispuesto a eliminarlos. Cómo de distinto sería todo. ¿Quién sabe si algún día tendrán el secreto incluso para eliminar la ingente cantidad de residuos no naturales que estamos dejando en el planeta que compartimos con ellos?

Hemos arañado la superficie de algunas funciones que los bichos realizan. Pero si nos ponemos a indagar, sus funciones en los ecosistemas son mucho más variadas, más importantes y más específicas. Hemos centrado la historia en un ecosistema terrestre, pero en los ambientes marinos sucede exactamente lo mismo. Hemos hablado de muchas de sus tareas, sin embargo, estas no son las únicas funciones que han desarrollado los artrópodos en toda su historia evolutiva. En los últimos doscientos mil años, han sido una clave importantísima para nuestro desarrollo tanto personal, como social, artístico, gastronómico, medicinal, bélico o científico. Nos hemos inspirado en ellos, los hemos explotado y los estamos estudiando con fervor para buscar soluciones a nuestros problemas.

La importancia de los artrópodos en los ecosistemas es innegable. ¿Cuáles son los secretos que esconden los organismos mejor adaptados de nuestros tiempos? ¿Cómo han sido capaces de ocupar prácticamente toda la Tierra? ¿Cómo logran orientarse? ¿Te has planteado cuál es su diversidad, lo cerca que están de nosotros o lo amenazados que están?

A partir de este momento me tomaré más de una licencia con el término «evolutivo». Solo será para ayudar a la narración y hacerla, si cabe, más emocionante. Aunque te contaremos cosas como si los artrópodos «eligieran qué hacer» o como «si la evolución los hubiese creado», convenciones, ya que todas las estrategias son resultado de millones de años de selección natural y evolución. Aquellos individuos con los caracteres más aptos perduran y los transmiten a su descendencia. Así, con el paso de mucho tiempo, encontramos organismos adaptados a los ecosistemas, hábitats y situaciones más sorprendentes, fascinantes y peculiares. Ahora sí, ha llegado el momento de sumergirnos en las estrambóticas historias de los organismos más abundantes sobre la faz de la Tierra.

III. SITUACIONES EXTREMAS REQUIEREN MEDIDAS EXTREMAS

«Imposible nada es. Difícil, muchas cosas son».
MAESTRO YODA

Nouriel Roubini, un reputado economista profesor en la Universidad de Nueva York, hizo célebre la frase: «situaciones desesperadas requieren medidas desesperadas». Seguro que en más de una ocasión has sentido caer la presión sobre ti o te has visto inmerso en una situación extraordinariamente complicada. Es en esos momentos en los que nuestro cuerpo se carga de adrenalina y está preparado para responder ante una emergencia.

Nuestro planeta es inmenso, y también es inmensa la cantidad de ecosistemas que existen. Bosques tupidos donde llega poca luz y donde las plantas luchan por alcanzarla. Desiertos inhóspitos sin ninguna sombra que aprovechar. Auténticos reinos de hielo en los que es difícil encontrar agua para beber. Altas montañas en las que apenas hay alimento. Praderas feraces con un sinfín de distintas herbáceas. La inmensidad del gran azul...

El planeta está compuesto por muchísimos nichos que, al menos, un organismo ha sabido colonizar. Y, desde luego, en multitud de estos ecosistemas tan extremos, los artrópodos son algunos de los pocos que han sabido encontrar su hogar.

Cataglyphis bicolor en el Sáhara. Las hormigas del género *Cataglyphis* están adaptadas a los ambientes xéricos y desérticos de una buena parte del mundo. Para ello, cuentan con importantes y variadas adaptaciones [Kingma photos].

VIVIENDO EN EL INFIERNO

No soporto el calor. Me crié en una zona donde los veranos son muy suaves. Por lo tanto, cuando el mercurio sube de los 15 °C yo ya empiezo a sudar. Sinceramente, no tengo ningún derecho a quejarme por sufrir unos modestos 20 o 30 °C. Y menos cuando conoces las historias de superación de ciertos insectos que viven en los ecosistemas más calurosos e inhóspitos de nuestro globo terráqueo. Imagínate un mundo exclusivamente cubierto de arena. No existe una piedra bajo la que resguardarse. No existe una cueva en la que ocultarse. Casi no hay plantas. No encuentras agua que pueda calmar tu sed. Caminar en las horas más calurosas del día es monstruoso. El suelo que está bajo tus pies puede superar los 60°. Vivir sobre un infierno solo es posible para unos pocos elegidos. Uno de ellos son las hormigas del desierto del género *Cataglyphis*. Entre las más conocidas están las que viven en el desierto del Sáhara (*C. bicolor*) y que son capaces de correr sobre la superficie de la arena cuando la temperatura es extrema.

Presentan un cuerpo muy fino y estilizado. Sus patas son muy largas e intentan alejar sus cuerpos todo lo posible del suelo. Son unas auténticas oportunistas y unos de los insectos más rápidos del mundo, capaces de recorrer muchas veces su propia longitud en un instante. Sus adaptaciones motoras a este hábitat han inspirado robots de exploración marciana como el *rover Cataglyphis*. Pero, por otro lado, estas hormigas también son los animales más inteligentes del desierto.

Durante las horas de más insolación la mayoría de los seres desérticos han tenido que ocultarse. Quizás solo haya una roca en kilómetros a la redonda. Pero si a una hora concreta no estás bajo ella, la probabilidad de morir deshidratado es muy alta. La gran mayoría de seres de los ambientes más calurosos deciden pasar la parte más desfavorable del día bajo tierra. Hacen galerías que están considerablemente más frescas, y desarrollan su actividad durante la noche. Sin embargo, esta hormiga sale a pasear cuando más calor hace. En un mundo en el que solo hay arena, se orienta de una forma precisa estudiando la posición del sol. Busca pequeños turistas rezagados que no han sabido interpretar el luminoso toque de queda del desierto. A diario, la fauna del desierto juega al clásico juego de las sillas. Quizás aquí no haya música, pero cuando el sol se prende, quien no encuentra un escondrijo es permanentemente eliminado del juego. Las hormigas de fuego vagan por el desierto buscando pequeños organismos muertos o que están a punto de perecer, los capturan y se los llevan a las profundidades de su imperio subterráneo.

Hay otra pregunta, ¿qué bebes en un lugar donde el agua «desaparece» antes de llegar al suelo? Llorar en el desierto debe ser imposible. Me imagino las lágrimas evaporándose nada más brotar de nuestros ojos. El régimen de precipitaciones de los desiertos es exiguo. Quizás haya un oasis o algún fruto carnoso o planta de la que pueda extraer algo de agua. Pero en general, encontrar el elixir de la vida es una tarea titánica, solo al alcance de unos pocos.

Los escarabajos tenebriónidos del desierto del Namib y otras zonas áridas son capaces de obtener el agua de una manera muy especial: robándosela a la niebla y al rocío [Peter Fodor].

Imagínate que vives en el desierto de Namib. Calificada como una de las zonas del mundo más áridas, la cantidad de agua disponible es tan reducida que tienes que agudizar todo el ingenio. El sol aún no ha aparecido por el horizonte, pero hay suficiente luz. La noche deja atrás una estela fría, donde los supervivientes se preparan para afrontar un nuevo día. Las dunas del desierto de Namib se llenan de pequeños escarabajos de la familia de los tenebriónidos, generalmente negros, adaptados a los ambientes cálidos, secos y desérticos de todo el mundo. Algunos de los más conocidos pertenecen a los géneros *Onymacris, Stenocara* o *Somaticus.* Todos corren en una misma dirección. Buscan a una vieja compañera con la que se reúnen todas las mañanas. Es el momento de tener una cita con alguien muy especial. Se suben a la cresta de una ola de arena, a la parte más alta de la duna, o a una de las cumbres del desierto. Perciben la ligera brisa que circula antes del amanecer. Gracias a sus patas orientan su cuerpo en contra del viento y lo posicionan en un ángulo de 45 grados. Esta brisa, cargada con pequeñas gotículas de agua, choca contra ellos. Y, por cada impacto que reciben, la magia comienza.

Estos seres son capaces de robarle el agua a la niebla y al rocío de las mañanas del desierto. Su cuerpo está compuesto por unos gránulos con pelos hidrofílicos que extraen el agua del viento cargado de humedad que les golpea. Estas gotas quedan atrapadas en su cuerpo. Una tras otra, comienzan a agruparse y crecer, formándose pequeñas esferas de agua. Cuando el tamaño es grande, la gravedad vence y estas se desprenden por unos canales que dirigen directamente el agua hacia su boca. Y así, en el sitio más seco que existe, ellos son capaces de beber todas las mañanas directamente del aire. Una vez se han hidratado lo suficiente y ante la amenaza del sol en el horizonte, es el momento de echar a correr. Salen en todas las direcciones, dispuestos a soportar un día más de calor en busca de la materia orgánica que se llevarán a la boca. Un auténtico ladrón de rocío que, aunque nos parezca raro, a veces lo tenemos más cerca de lo que pensamos.

En todos los sistemas dunares y ecosistemas mediterráneos del mundo existen tenebriónidos preparados para obtener el agua de esta peculiar manera. No obstante, quizás no sean tan conocidos ni estén tan perfeccionados como los de los desiertos africanos. Sin embargo, en las mismísimas dunas del Parque Nacional de Doñana (España), un sitio algo menos árido, aparecen miles de rastros que delatan a las *Pimelia,* tenebriónidos que en la época de sequía estival utilizan estas técnicas para obtener agua. De hecho, no sé si sabéis lo que es la «biomímesis». Es la ciencia que estudia la naturaleza como base de inspiración de la tecnología. Querer replicar lo que la naturaleza hace por sí misma para obtener un beneficio. Existen empresas que se están dedicando a estudiar el cuerpo de los tenebriónidos del Namib para aprender cómo obtener agua en las regiones más desérticas. Sería un avance importante para conseguir agua en aquellas zonas donde más sequía existe. Curiosamente, algo que ellos hacen con facilidad, a nosotros se nos escapa. Cuánto nos queda por aprender.

Gryllomorpha lanzarotensis es uno de los muchos insectos lavícolas que hacen de los volcanes sus ecosistemas predilectos [Pedro Oromí].

Y es que el calor siempre ha sido un sitio donde vivir, aunque nos parezca inhóspito. Imaginad un volcán escupiendo lava. Los arroyos volcánicos llegan a alcanzar temperaturas de más de 1000 °C, y aunque la lava se enfríe en contacto con la atmósfera, tarda un período de tiempo en tener una temperatura adecuada. Además, lo que queda después es un paisaje completamente baldío, fértil, eso sí, pero sin nada que llevarse a la boca. ¿Quién querría vivir aquí?

Por ejemplo ciertos grillos de lava del género *Caconemobius* del archipiélago de Hawái, o *Gryllomorpha lanzarotensis* del volcán del Timanfaya en Lanzarote (Islas Canarias). Pertenecen a la familia de los trigonídidos (Trigonidiidae) que presentan una filia muy peculiar: construir sus nidos y habitar en los túneles de lava generados tras una erupción volcánica. En zonas con erupciones constantes, allí están ellos. Dispuestos a ocupar un espacio que nadie se atreve a colonizar. En cuanto la lava se enfría un poco son los primeros en llegar. Introduciéndose incluso en zonas con calor remanente, buscan pequeñas grietas o resquicios donde prosperar, en las proximidades del volcán. ¿De qué vives en un sitio donde todo ha sido aniquilado? Pues de lo que te llega del aire. La materia orgánica o los restos que son depositados por el viento son el alimento predilecto de los grillos de lava. Saltan sobre amorfos fragmentos negros que unos días estuvieron a mil grados. Buscan lo que el viento ha dejado con todo el cariño para ellos. Incluso beben parte de la espuma de mar que llega, con la que son capaces de hidratarse. Tienen unas capacidades fisiológicas sorprendentes. Siempre han sido conocidos como uno de los principales colonizadores de estos ecosistemas tan desnudos, pero también como uno de los seres más resilientes ante las erupciones volcánicas. No obstante, recientes estudios también demuestran que no todos llegan pronto tras una erupción. Hay ríos de lava que permanecen mucho tiempo sin ser colonizados por por los insectos lavícolas. Por lo tanto, aunque les gustan los volcanes, y quizás vean la lava como el secreto para huir de todos sus depredadores, podría haber algo más en la ecuación que todavía hoy desconocemos. Lo que está claro es que son capaces de vivir donde otros organismos han decidido no aventurarse.

Cucujus clavipes es un coleóptero capaz de resistir temperaturas de congelación durante períodos prolongados de tiempo [Jay Ondreicka].

LLÉVATE UN ABRIGO, POR SI REFRESCA

La humanidad se puede dividir en dos grandes grupos: los amantes del calor y los amantes del frío. Yo siempre he sido más partidario del segundo grupo. ¡Rayos, si hace frío, te abrigas! Si hace calor, llega un punto que ya no te puedes quitar más prendas de ropa sin provocar un escándalo.

Me delato como auténtico amante del frío. Y es que esta situación está respaldada por un auténtico séquito de insectos que piensan exactamente lo mismo que yo. Si no, que se lo pregunten a varias especies de la familia de los cucújidos (Cucujidae), concretamente a *Cucujus clavipes*, un escarabajo propio de América del Norte (desde Canadá hasta Alaska). Este escarabajo, plano como un folio y rojo como la sangre, guarda un secreto fascinante. Entre sus trucos se encuentra el conocer la fórmula para resistir la congelación. Es normal que, durante cierta época del año, estos escarabajos pasen por un período extraordinariamente desfavorable con temperaturas constantes bajo cero.

Los seres vivos estamos compuestos principalmente por agua, por lo que ante temperaturas muy frías un importante problema es la congelación de nuestros fluidos corporales. Los cristales de hielo que se podrían formar, por ejemplo, en nuestra sangre, entre otros líquidos internos, acabarían destruyendo nuestros órganos vitales. Pero tranquilos, cuando este escarabajo empieza a notar que el frío llega, se prepara. Su cuerpo comienza a producir una gran cantidad de sustancias (proteínas y glucolípidos) anticongelantes. Estas se van acumulando por todo su cuerpo. De manera simultánea, empieza a deshidratarse hasta casi el extremo. Con muy poca agua y todo el cuerpo lleno de un anticongelante natural, estará listo para cualquier eventualidad. Da igual que se intente formar un cristal de hielo en su interior. Todas estas sustancias que ha sintetizado bloquearán e inhibirán el proceso. También da igual que el insecto se congele completamente por fuera, seguirá vivo y aletargado. Entrará en diapausa y estará preparado para no moverse durante meses, mientras que tiene la certeza y seguridad de que el frío hielo no podrá destruirlo. El escarabajo esperará pacientemente hasta que vuelva el calor para descongelarse y rehidratarse. Se ha demostrado que es capaz de resistir temperaturas por debajo de los −20 °C durante largos períodos de tiempo.

La gran mayoría de artrópodos son poiquilotermos: su temperatura corporal interna es un reflejo de la externa. Y, cuando la situación se vuelve tan cruda, no les queda otra que resistir y adaptarse.

La conocida como polilla oso lanuda del Ártico *Gynaephora groenlandica* es un lepidóptero de la familia de los erébidos (Erebidae). Tiene una gran cantidad de pelo para protegerse del frío del Ártico. Nunca una especie ha sido tan tranquila. Puede pasar como oruga siete años, realizando una única muda anual. Es una de las polillas sometidas a uno de los inviernos más fríos y extremos de toda la Tierra. Las larvas son capaces de resistir temperaturas por debajo de los −70 °C. Sin embargo, aunque poco, algo hay para comer. El sauce ártico *Salix arctica* se convierte en casi el único de los componentes de su dieta.

Pero no es el único ejemplo de insecto que ama el frío. El titán del frío es un pequeño mosquito de la familia de los quironómidos. ¿Alguna vez has caminado cerca de un

Belgica antarctica es un pequeño mosquito no volador que tiene el título de ser el único animal terrestre que vive permanentemente en la fría Antártida.

río en verano y te has chocado con una inmensa maraña de mosquitos voladores? Si así ha sido, no te preocupes porque, en general, estás ante mosquitos no picadores (que en su mayoría no tienen ni aparato bucal), inofensivos y ligados a ambientes húmedos como ríos, arroyos y riachuelos. Y es en esta familia donde encontramos uno de los mosquitos más especiales. Hablamos del animal terrestre más grande que vive durante toda su vida en la Antártida. Un pequeño mosquito de escasos cinco milímetros, sin alas. Es el mosquito antártico *Belgica antarctica.*

En primer lugar, vive en una zona con potentes y fríos vientos que hacen difícil el poder volar. Si lo intentasen, serían arrastrados muchísimo más allá, lejos de su hábitat. Por eso, si no vas a poder volar, ¿para qué quieres tus alas? Seguramente estás esperando que te ponga un récord de temperatura que este mosquito puede aguantar. Y es que, curiosamente, no es capaz de soportar durante mucho tiempo temperaturas −20 °C. Tampoco lo necesita. Vive enterrado, bajo el hielo, donde encuentra temperaturas más agradables durante la práctica totalidad del año, más cercanas al cero. De vez en cuando, hace pequeñas incursiones al exterior. ¿Y cuánto tiempo pasa enterrado en el hielo? Este mosquito, al igual que la achuchable polilla oso lanuda, pasa la mayor parte de su vida como larva, alimentándose de musgo, alguna que otra alga y cualquier resto orgánico que sea depositado por las brisas polares. Los adultos no son capaces de vivir más de diez días. Las hembras depositan sus huevos lo más rápido que pueden, los cubren con anticongelante y mueren. Además, por mucho que no resistan el frío más intenso, son un insecto endémico de la Antártida que no consigue subsistir fuera de ese rango de temperaturas. Cuando el termómetro marca más de 10 °C, todos los individuos de este mosquito acaban pereciendo.

Belgica antarctica es una sibarita del frío que ha sido capaz de colonizar un ecosistema extremo y único, pero se podría ver afectada muy negativamente por los rápidos cambios de temperatura fruto del calentamiento global.

¿Conocéis una ciudad llamada La Rinconada? Enclavada a 5100 metros de altitud en los Andes peruanos, esta ciudad tiene el título de ser el enclave habitado más alto del mundo. En torno a veinte mil habitantes hacen su vida aquí. Con una temperatura media anual máxima de 10 °C, uno de los principales recursos es la extracción de oro de las minas que se encuentran en las inmediaciones del pueblo.

De los 8849 metros de altitud del monte Everest en el Himalaya (el punto más alto de la Tierra, según se interprete), estamos hablando de que este emplazamiento está a un 60 % de la altura máxima que se alcanza en nuestro planeta. En este tipo de ambientes las condiciones son extremas, sobre todo por las dificultades que se pueden generar para respirar. Muchas de estas regiones de alta montaña no son zonas en las que llueva mucho. Además también son inhós-

La Rinconada es el emplazamiento humano más elevado del mundo, a unos 5100 metros de altitud, en los Andes de Perú [Marcin Osman].

pitas por la falta de recursos alimenticios. Existe un punto a partir del cual las plantas no crecen. Y, por ende, toda la vida ligada a ellas desaparece.

Durante todos los años son cientos las personas que intentan conquistar el Everest. A medida que vamos ascendiendo, va desapareciendo cualquier rastro de vida. Nos acabamos encontrando ante una zona rocosa, cubierta de una nieve perpetua. Quizás esto fue lo que pensó el naturalista irlandés Richard Hingston cuando, en 1924, realizó una expedición hasta lo más alto del monte Everest. Cuál sería su sorpresa cuando, una vez pasado el límite máximo al que crecían las plantas, se topó con una pequeña población de arañas saltarinas de la familia de los saltícidos a 6700 metros de altitud.

Entre las grietas de las rocas encontró muchas de estas arañas que saltaban entre pequeños lagos de nieve. Durante un período de treinta años se pensó que esas arañas habían sido arrastradas ahí por el viento y que la observación había sido completamente fortuita. No obstante, expediciones posteriores en 1954 volvieron a encontrar las mismas arañas. Y allí seguían, ajenas al tráfico de personas que año tras año colonizaban el punto de la Tierra más cercano al espacio exterior. Con sus cinco milímetros de longitud pasaban desapercibidas. No obstante, cuando alguien decidió observar, se dieron cuenta de que eran realmente abundantes. Rápidamente se catalogó como el ser vivo que más alto vive durante toda su vida, solo en una pequeña zona del monte Everest. Allí arriba, estas arañas son capaces de aguantar largos períodos sin comer, aunque normalmente son alimentadas gracias al viento. Se trata de pequeños colémbolos, moscas u otros insectos arrastrados por las corrientes de aire ascendentes los que se convierten en sus presas.

Una araña que vive en el punto más alto de la Tierra y que se alimenta exclusivamente de lo que el viento tiene a bien llevarle. Poético. Si pensábamos que vivir a 5100 metros era una hazaña, que se lo digan a esta araña que probablemente llegue a superar los 7000 metros en algunas zonas de su área de distribución. Como comprenderéis, no son fáciles de estudiar. Y su historia ha estado salpicada de otras historias curiosas que no nos caben aquí. No obstante, te animo a leer más sobre ella. Ah, ¿que aún no te he dicho su nombre? La podrás llamar la araña saltadora del Himalaya *Euophrys omnisuperstes*, que viene a significar «que sobrevive a todo», no podían haber elegido uno mejor.

Araña saltadora ibérica del género *Euophrys*, al que también pertenece la araña del Himalaya [Alberto Narro].

MIRES DONDE MIRES, TODO ES AZUL

La gran mayoría de artrópodos que conocemos son terrestres. Sin duda habrá algunos que han sabido adaptarse a los ambientes acuáticos, y para ello han desarrollado curiosas formas de respirar. Esto será objeto de otro capítulo, porque las estrategias que siguen los insectos y otros seres acuáticos son la mar de interesantes. Ahora pensemos por un momento en la siguiente pregunta que alguna vez me han hecho. ¿Hay insectos en el mar?

Piensa en él como otro ecosistema extremo. En un punto de la evolución, solo ciertos artrópodos se quedaron en el mar porque allí hallaron un importante nicho que ocupar. La práctica totalidad de crustáceos se encuentran en las profundidades del océano. Incluso existen algunos grupos de quelicerados como los xifosuros (los conocidos como cangrejos cacerola, cuya hemolinfa es utilizada por sus propiedades medicinales) o los picnogónidos (las mal llamadas arañas de mar, el grupo más extraño de los quelicerados actuales, que viven alimentándose de medusas, entre otros organismos gelatinosos) que aún viven en el mar. Es decir, existen artrópodos en los mares y océanos de todo el mundo. Al menos viviendo bajo su superficie. Pero, ¿y los insectos? El paso a la vida terrestre ha significado colonizar un hábitat completamente nuevo con una inmensa cantidad de recursos. Y, sin embargo, cuando nos lo planteamos, resulta difícil responder la pregunta de si existen insectos en el mar. No, no estoy hablando de insectos que sean transportados pasivamente a la deriva sobre troncos o materia vegetal. De esos hay muchos, sobre todo aquellos que viven en las zonas del litoral. Hablo de insectos que desarrollen todo su ciclo vital en alta mar.

La respuesta es sí. Existen insectos marinos. Pero muy pocos. Los océanos, una vez sales de ellos, te das cuenta de que son inhóspitos. A partir de cierta profundidad todo está dominado por la oscuridad perpetua. Y, además, están plagados de depredadores. Los insectos han tenido muchísimo más éxito en la tierra que en el gran azul. Pero existen un mínimo de cinco especies del género *Halobates* que son insectos marinos. Hablamos de chinches de la familia de los gérridos. Quizás te suene más el término de «zapateros» o «zancudos». Sí, esos seres que llegan a tu piscina en los días de verano y que se quedan nadando sobre la superficie del agua. Estas especies son los únicos insectos vivientes que desarrollan todo su ciclo vital en el océano.

La mayoría de especies viven en el océano Pacífico e Índico, pero existe una que podemos encontrar en el océano Atlántico. Pasan toda su vida flotando en el mar, a la deriva, siendo arrastrados por las corrientes oceánicas. Les da igual a donde mirar. Todo lo que ven es una gran masa de color azul. Se alimentan de pequeños insectos, artrópodos u otros animales que quedan flotando a la deriva, arrastrados desde las costas. Y es que, cuando no te puedes zambullir, vivir en el mar es complicado. Sobre la superficie del océano no hay absolutamente nada. Es como un desierto, pero de color azul. No te queda más remedio que esperar hasta que algo pase flotando cerca de ti. A veces pueden tratar de cazar

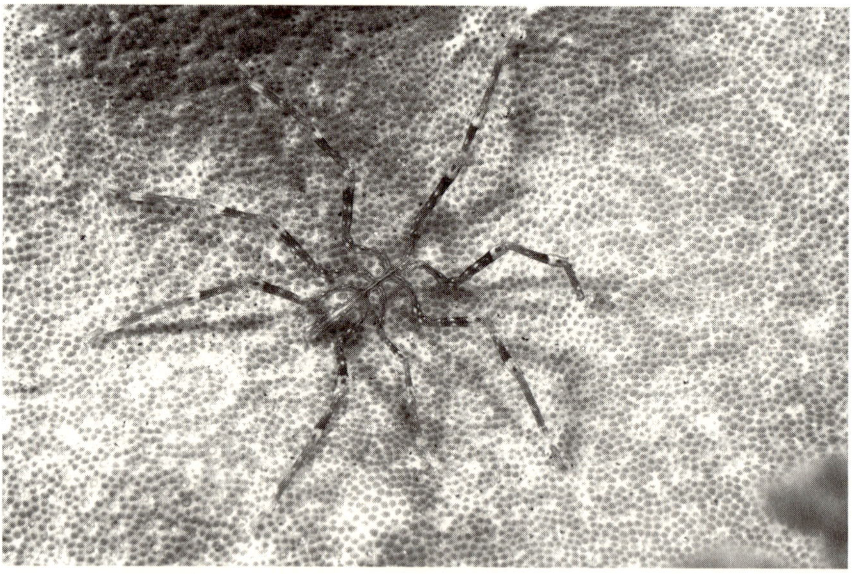

Los picnogónidos, o arañas de mar, son quelicerados primitivos no arácnidos que viven en el mar, alimentándose, entre otros, de medusas [Dray van Beeck].

pequeñas presas del zooplancton y otros organismos que justo bucean por debajo de ellos, pero sin llegar a zambullirse completamente.

Los únicos insectos del mar son así, incapaces de bucear. Es que, aunque no nos lo parezca, este ambiente es también calificado como extremo para estos animales. Los *Halobates* son capaces de nadar a una gran velocidad propulsándose mediante la emisión de un chorro de agua que les aleja de sus depredadores. Aunque antiguamente eran especies poco abundantes, ahora mismo se están extendiendo silenciosamente por todo el mundo. Generalmente ponen sus huevos sobre pequeños restos flotantes. Que diera la casualidad de que un tronco pasase cerca de una hembra grávida era algo muy fortuito. Actualmente, con la cantidad de plástico que flota en el océano, los *Halobates* han encontrado un sitio para depositar sus huevos: bolsas de plástico, vasos, juguetes... Todos estos objetos son capaces de viajar por el mundo, sin hundirse, gracias a las corrientes marinas. Quién sabe cómo cambiará esto la dinámica de los ecosistemas marinos.

Algunos zapateros marinos del género *Halobates* son los únicos insectos que desarrollan su ciclo de vida enteramente en alta mar [Marcus FC Ng].

El libro de Donovan Hohn, *Moby-Duck.*

Existe el testimonio de un par de científicos que, en 2002, relatan cómo encontraron una jarra de plástico flotante con más de setenta mil huevos de *Halobates* adheridos a ella. Esto supone un mínimo de 7000 hembras poniendo huevos, algo que suena imposible con los pocos recursos que antes había flotando en el gran azul.

No sé si conocéis el naufragio de los patitos de goma de 1992. El Even Laurel fue un carguero que se dirigía hacia Washington desde Hong Kong cargado con, entre otras muchas cosas, juguetes. Al atravesar una tormenta especialmente peligrosa, uno de los contenedores se rompió liberando más de 20 000 patitos de goma al mar. Estos empezaron a viajar por todo el mundo gracias a las corrientes oceánicas, haciendo que muchos de estos juguetes de plástico se hayan encontrado en todos los continentes. Tenéis más de esta historia en el libro *Moby-Duck* de Donovan Hohn. Para mí, no es raro pensar que alguno de estos patitos que continúa viajando por todo el planeta azul haya sido el objeto elegido por un zapatero del género *Halobates* para poner sus huevos. Y con él, quizás estos hayan podido viajar muchísimo más allá de lo que habrían viajado normalmente, colonizando nuevas zonas de alta mar.

Podría finalizar aquí el apartado diciéndote que este es el único insecto que desarrolla todo su ciclo vital en alta mar. Y no estaría contándote ninguna mentira. Pero, cuando termino de escribir, me pesa la conciencia. Existe un grupo de actores que no puedo no mencionar. Me refiero a los equinoftíridos (Echinophthiriidae), o piojos de los pinnípedos. Son un grupo de insectos que, como deducirás, se han especializado en parasitar a focas, leones marinos y morsas. Vivir a costa de un mamífero adaptado a la vida marina te hace merecedor de entrar en este ecosistema tan peculiar. Estos piojos pasan toda su vida entre el pelo de los pinnípedos. Bucean con ellos, pero también salen a tierra cuando sus hospedadores lo hacen. Junto a los *Halobates*, los piojos de los pinnípedos son los únicos insectos que, hoy por hoy, viven en la inmensidad del mundo azul de nuestro planeta.

El pelaje del lento perezoso de tres dedos se ha convertido en un inmenso ecosistema en el que viven una gran cantidad de organismos [Milan Zygmunt].

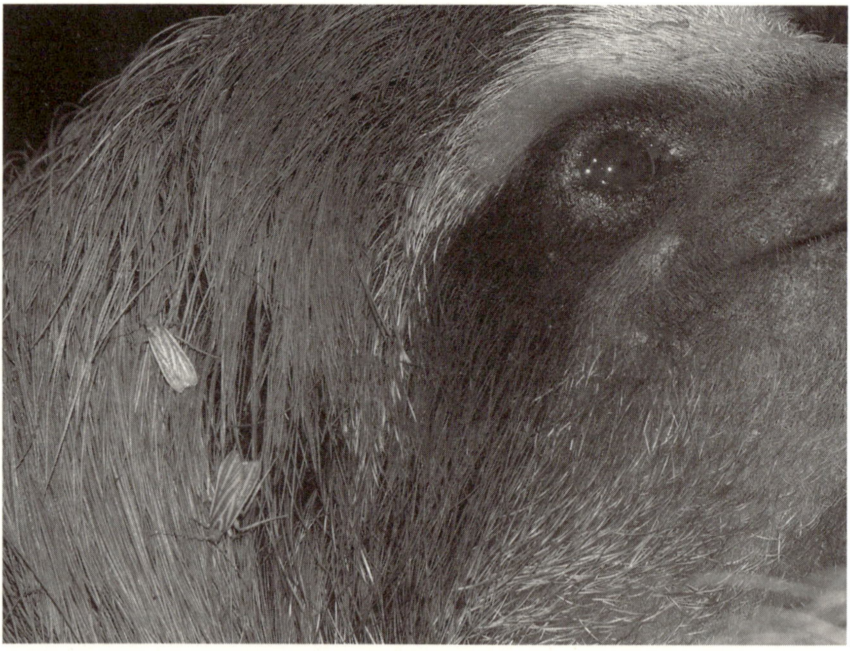

Los perezosos viven cargando con las polillas del género *Cryptoses,* con las que han establecido una curiosa relación simbiótica [Arthur Anker].

¡ESTE PEREZOSO ES MI CASA!

Ahora querría hablaros de un hábitat que, sin ser extremo, sí es extraordinariamente peculiar. En las selvas tropicales del norte de Sudamérica vive un animal especial. Catalogado como uno de los animales más lentos, más vagos y más «tranquilotes», el perezoso de tres dedos *Bradypus tridactylus* se balancea en las altas copas de los árboles. Puede pasarse mucho tiempo decidiendo a qué rama agarrarse. No está preparado para huir rápidamente de los depredadores, pues es demasiado lento. Sin embargo, la madre naturaleza lo llama una vez a la semana.

Llega el momento de bajar a tierra para defecar. Una vez ha depositado sus heces, y sin siquiera mirar atrás, comienza de nuevo a trepar por el árbol, para alcanzar las nutritivas hojas de la copa. Justo en el instante en el que está en el suelo, multitud de polillas de la familia de los pirálidos, como las del género *Cryptoses,* entre otras, salen de entre la tupida maraña de pelos que envuelve al perezoso. Se dirigen rápidamente a los excrementos y ponen sus huevos en ellos. De inmediato vuelven volando hacia el perezoso y se funden con él. Las larvas de estas polillas se desarrollan alimentándose de estos excrementos hasta pupar. Una vez lo hacen, los adultos emergen y salen volando hacia la parte alta de las selvas, en busca de un perezoso que colonizar. Y es que, este animal en sí mismo es un ecosistema.

Las polillas viven toda su vida adulta entre los pelos del perezoso. Se alimentan de pequeñas partículas que quedan en su piel y depositan sus excrementos sobre el propio perezoso. Estos excrementos son el fertilizante que, junto con la humedad de su piel, y el sol que llega a las partes más altas de la selva, favorecen el crecimiento de algas fotosintéticas que también prosperan en la piel del ser más «vago» de la Tierra. Este adquiere un color verdoso característico por toda la colonia de algas que crecen en su espalda. Cuando el perezoso se rasca se lleva a la boca parte de estas algas, ricas en lípidos, pero también pequeños restos de polillas que han muerto sobre él, de las que obtiene proteínas. Y es que, si eres un ecosistema en ti mismo, qué menos que aprovechar los recursos que se te han concedido. Estas polillas están tan íntimamente ligadas al pelo del perezoso y a sus excrementos que no podrían vivir sin él. Quizás no sea un hábitat que calificaríamos como extremo, pero sí uno extraordinariamente específico. El perezoso les devolverá el favor a las polillas bajando todas las semanas a defecar, preparando el escenario perfecto para que su ejército de lepidópteros vuelva a emerger de él, cerrando el ciclo.

Cuando vuelvas a ver un perezoso, no será de la misma manera. Y más, si te cuento que hasta más de setenta especies de artrópodos se han encontrado estrictamente asociadas a vivir entre el pelaje de varias especies de perezosos. Lo verás como todo un ecosistema. Un pequeño bosque móvil en miniatura en las cumbres de la selva. Y es que, ¿cuántos artrópodos e insectos viven sobre otros animales, como parásitos, simbiontes o mutualistas, en un ecosistema que podríamos calificar de peculiar, pero también en muchos casos de extremo?

Ya nos lo comentó el maestro Yoda: «Imposible nada es. Difícil, muchas cosas son». No existe un lugar en el que sea imposible vivir. Será difícil, quizás, pero nunca imposible. Entrañará problemas que resolver. Pero por muy difíciles que sean, los artrópodos han encontrado la forma de solucionarlos. Quizás deberíamos empezar a delegar en ellos algunos de nuestros actuales problemas globales. Probablemente muchos se acabarían solucionando bajo su mando. Desde luego, si han sido capaces de hackear el calor, el frío, la altura, el mar o a otros seres vivos, qué más serán capaces de conseguir estos intrépidos seres del planeta Tierra.

IV. ALIEN EN EL MUNDO DE LOS BICHOS

No sé si recordarás ese impactante momento del cine en que el alien párasito sale del estómago de Kane en la película *Alien: el octavo pasajero.* Cuarenta años después, la obra de Ridley Scott sigue siendo un referente del terror y de la ciencia ficción, ejemplificando qué es un parásito y lo complejo que puede ser su ciclo vital. Un organismo que vive a costa de otro —de distinta especie— alimentándose de él hasta causarle la muerte. Aunque la muerte del hospedador puede implicar también la muerte de quién se hospeda en él. Es por eso que, en la carrera evolutiva, muchos de los parásitos se han perfeccionado y han sabido aprovechar a quienes parasitan hasta un límite no mortal. E infinidad son las estrategias que han desarrollado los parásitos para triunfar, muchas de ellas relatadas en el libro *Parásitos* de Carl Zimmer

En 2019 se estrenó una película surcoreana titulada *Parásitos,* dirigida por Bong Joon-ho. Relata una interesante relación parásita entre castas de personas ricas y pobres. El objetivo de los parásitos es el mismo que el de la familia protagonista de esa cinta. Aprovechar todos los recursos que te ofrecen sin que se percaten de ello. En la naturaleza, los artrópodos han desarrollado infinidad de estrategias parásitas que son dignas de las películas de terror o ciencia ficción más monstruosas. En este capítulo conoceremos algunas de esas historias.

Ampulex compressa examina a su presa, una cucaracha rayada, después de picarle [PF Mayer].

¿SON REALES LOS ZOMBIS?

Una de las historias que más ha fascinado a la humanidad es la vida después de la muerte. La inmortalidad, el nirvana infinito o una suerte de ataraxia celestial. Sin embargo, la antítesis de estos estados del alma es bien conocida. Tenemos toda una cultura de muertos vivientes en la industria de la ciencia ficción y las novelas de terror. Aunque, ¿y si os digo que los zombis existen? Os invito a buscar el caso de los hongos *Ophiocordyceps* que «zombifican» a las hormigas para cumplir su siniestro fin. ¡Pero hablemos de insectos y no de hongos! ¿Conocéis las avispas esmeralda del género *Ampulex*? Me refiero a los ampulícidos que se encuentran en muchas regiones de África y Asia.

Una de las más estudiadas es *Ampulex compressa*, una avispa color verde esmeralda brillante, también conocida como la avispa de las cucarachas. Esta especie se dedica a buscar en las selvas, u otros entornos en los que vive, a cucarachas muchísimo más grandes que ella, como las cucarachas urbanas del género *Periplaneta*. Una vez que tiene localizada a su víctima aprovecha su oportunidad para asestar dos picotazos. Los aguijonazos deben tener la precisión de un cirujano.

El primero va dirigido a los ganglios nerviosos que controlan la movilidad de la cucaracha. Si ha tenido éxito, sus patas delanteras estarán paralizadas temporalmente. A la avispa le queda una tarea mucho más sencilla. Se vuelve a acercar a su presa e inyecta veneno en un ganglio específico encargado de regular el comportamiento de escape. La cucaracha queda completamente extasiada. Se relajará y no será «consciente» de nada. Recuperará parte de su movilidad, pero, ¿para qué iba a huir? Está completamente «zombificada».

La avispa ha conseguido cumplir parte de su trabajo. Sin embargo, no le interesa esta suculenta presa, prefiere legársela a sus descendientes. Como si se tratase de un caballo de carreras, la avispa esmeralda sube a su particular montura y le muerde una de las antenas, arrancándole un segmento. Lo acerca a la cabeza de la cucaracha, y usándolo como rienda, dirigirá a su presa a la muerte sin que oponga ningún tipo de resistencia. Se ha hecho con su control. Espoleando su particular montura, recorrerá la selva en busca de su madriguera, un pequeño agujero en la tierra.

Acomoda a su mascota en su vivienda y deposita un huevo en su abdomen. A continuación cubre la entrada del nido y la abandona. La cucaracha sigue viva. A los tres días el huevo eclosiona y la larva comienza a comerse la cucaracha. La muerde y la mastica alimentándose de ella. Finalmente se introduce en su abdomen y comienza a devorarla desde dentro. Cuando la larva haya comido lo suficiente, pupará y una nueva avispa emergerá desde dentro de los restos de la cucaracha, dispuesta para volver a perpetrar su ciclo.

PROTEGERÉ A TUS HIJOS CON MI PROPIA VIDA

No hemos acabado aún con los zombis, pero antes quería preguntarte ¿conoces las fantásticas historias de los cucos? Ese pájaro que desdeña a su propia descendencia. Pone sus huevos en los nidos de otras aves para que los críen. Pues bien, en el mundo de los insectos esta es una de las estrategias de parasitismo más extendidas. Existen moscas que ponen los huevos en el nido de otras abejas, o abejas que ponen huevos en los nidos de otras abejas. De hecho existe un grupo de avispas de la familia de los crisídidos (Chrysididae) que se denominan avispas cuco. En su gran mayoría viven engañando a otros insectos.

Quizás esto dé para hablar de la fantástica y apasionante vida de los himenópteros en otro capítulo. Sin embargo, querría hablaros de un género de avispas parásitas: *Glyptapanteles*. Nativas de ciertas zonas de América y Oceanía, poseen uno de los mecanismos de control mental más complejos. Las hembras depositarán sus huevos en las orugas del género *Lymantria* o *Acronicta*, que siguen haciendo una vida normal, sin notar que tienen un parásito en su interior. Poco a poco las larvas se van comiendo partes no vitales de la oruga, mientras esta sigue creciendo.

Cuando las larvas parásitas están preparadas para convertirse en avispas, comienza la manipulación mental. Las orugas dejan de alimentarse y se convierten en zombis al servicio de sus amas. Trepan a los tallos más alejados del suelo, momento que las larvas de avispa aprovechan para emerger y pupar en el extremo de las herbáceas. Es en ese instante cuando la oruga protegerá con su vida a las larvas, hasta el momento en que estas se conviertan en ejemplares adultos. Las protegerá con una capa de su propia seda y se quedará estática, en una posición de defensa en torno a ellas. Cualquier depredador que intente acercarse a las crisálidas será disuadido con movimientos compulsivos de la propia oruga, como si se tratase de un resorte. La oruga acabará muriendo de inanición y los imagos de avispa continuarán su ciclo vital.

Este fenómeno se conoce como «manipulación del guardaespaldas», y curiosamente está bastante extendido. Para muestra, otro botón, el caso de la avispa *Dinocampus coccinellae* que invita a las mariquitas a que las protejan mientras estas están pupando. Cuántos insectos habrá que cuiden de aquellos que no son sus propios descendientes.

Una oruga de geométrido protegiendo las pupas de las avispillas *Glyptapanteles* que la han parasitado. Ante cualquier amenaza, se agitará bruscamente para espantar a los depredadores [José Lino-Neto en Grosman *et al.* 2008, *PLoS ONE*].

Los mantíspidos son neurópteros poco comunes que se caracterizan por unas fuertes patas raptoras y un sorprendente ciclo de vida [Jorge Rodríguez Pérez].

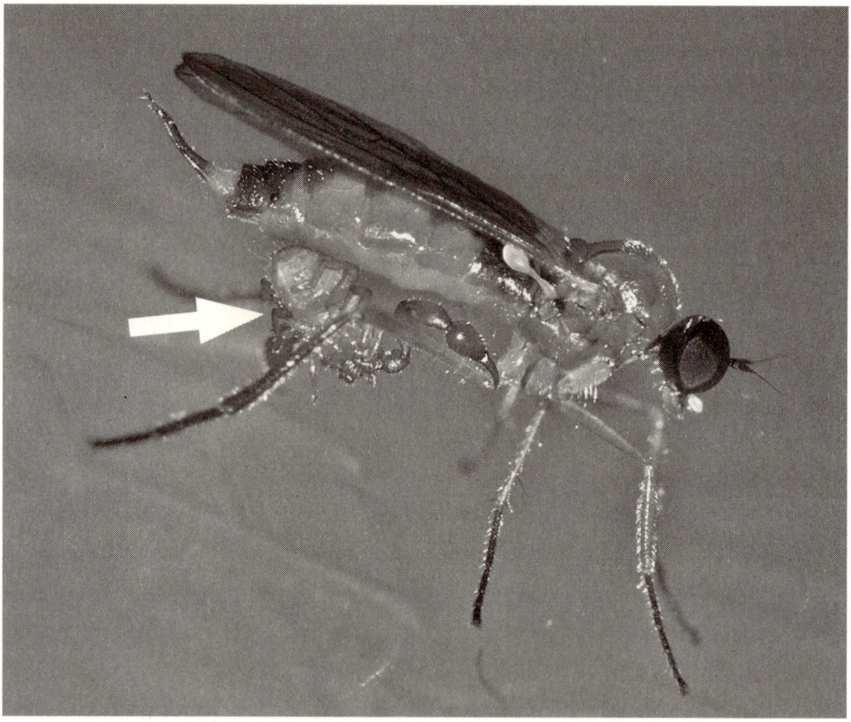

Muchos artrópodos no voladores como los pseudoescorpiones se anclan a otros insectos capaces de volar para moverse grandes distancias y así dispersarse [Sarefo (CC 1.0. 2.0, 2.5, 3.0, 4.0)].

El parasitismo es un mundo inmenso. Hay parásitos que se transmiten de forma directa por contacto, otros por vía trófica, los hay que te castran o te cambian de sexo, los que son vectores de enfermedades o los que son parásitos en sentido estricto. Ectoparásitos, si el parásito vive sobre el hospedador, o endoparásitos, si viven en el interior del huésped. Todas las estrategias entrañan sus riesgos, pero son igual de válidas.

La gran mayoría de parasitoides del mundo de los artrópodos pertenece a los himenópteros y dípteros. Moscas y pequeñas avispas han desarrollado estrategias sorprendentes para conseguir desarrollarse tanto fuera como dentro de otros organismos. En otros grupos de artrópodos también existen casos menos conocidos, como los mantíspidos. Son neurópteros que poseen unas patas raptoras especialmente preparadas para cazar, pero también tienen el aspecto de una crisopa de esas tan poéticas que se alimentan del néctar de las flores.

¿Has visto alguna vez una mantispa?, suelen pasar completamente desapercibidas. Las hembras esconden los huevos en madera en descomposición, bajo las piedras o cualquier otro lugar que les parezca un buen refugio. De ellos emergen larvas que tratan de localizar a cualquier artrópodo para anclarse a él. Este comportamiento se conoce como «foresis»: un organismo aprovecha a otro para viajar más lejos de lo que podría hacer por sí mismo. Ha sido muy estudiado en el caso de los pseudoescorpiones. Los organismos foréticos no quieren causarle ningún daño a su medio de transporte. Simplemente son incapaces de desplazarse grandes distancias. Las recién emergidas larvas de mantispa son así. Poco a poco van creciendo y, llegado el momento, deciden que es hora de escoger su último medio de transporte. Su última elección ha de ser una araña lobo de la familia de los licósidos que porte sus huevos.

Las madres de arañas lobo son extraordinariamente protectoras. Transportan una gran maraña de huevos resguardados por una seda que cargan en la parte trasera de su cuerpo. Las larvas de mantispa consiguen subirse al saco de huevos, hacen una pequeña incisión y se introducen en su interior. Decenas de pequeñas arañas están aún ahí protegidas por su cubierta y el festín comienza. La mantispa dará una excelentísima cuenta de todas las pequeñas arañas. Sin embargo, la araña lobo, ajena al problema, sigue cuidando sus huevos con una fiereza inaudita.

Cuando toca el momento de que las arañitas emerjan, la madre siente que algo va mal. Unas potentes patas raptoras salen del interior del saco de huevos. La mantispa adulta extiende sus alas y echa a volar. Y es que aunque cada mantispa presenta pequeñas diferencias en su ciclo vital, todos ellos son, cuanto menos, escalofriantes.

Los licósidos o arañas lobo transportan sus huevos adheridos a la parte final de su cuerpo. Por desgracia, aunque la madre los proteja, no están a salvo de los mantíspidos [Cathy Keifer].

EL PARÁSITO DEL PARÁSITO DEL PARÁSITO DEL PARÁSITO… Y UN LARGO ETCÉTERA

Y cuando creíamos que estaba todo inventado con las mantispas, oímos hablar sobre los hiperparasitoides. En la naturaleza nadie está realmente a salvo, todo son recursos que alguien puede aprovechar. Existen algunos escarabajos, moscas y un sinfín de avispillas de diminuto tamaño que han decidido parasitar a los parásitos. ¡Jaque mate! Expliquémoslo con el caso más ejemplar.

La oruga de un piérido se alimenta sobre una col rizada [Ewa-Saks].

Algunas de las mariposas más comunes pertenecen al género *Pieris*, como las mariposas de la col, *Pieris brassicae* y *Pieris rapae*. Sus orugas son capaces de causar auténticos estragos sobre ciertas plantas domésticas como los repollos o las acelgas. Tan grave puede ser esta plaga que se ha usado su controlador biológico natural, *Cotesia glomerata*, para minimizar sus daños. Esta es una avispa de la familia de los bracónidos que pone sus huevos en el interior de las orugas de las mariposas de la col. Estas seguirán alimentándose y creciendo mientras que, como en los casos anteriores, sus verdugos se alimentarán desde dentro. Sin embargo, existe otra avispa parásita de la familia de los icneumónidos que se denomina *Lysibia nana*. Las hembras solo parasitan unas larvas concretas: las de *Cotesia glomerata*. Las avispillas son capaces de localizar las orugas de las mariposas de la col que están parasitadas. Cuando las larvas de las avispillas de *Cotesia glomerata* se despojan de la oruga y pupan, preparadas para metamorfosear, las avispillas *Lysibia nana* acometen su principal misión. Introducen un huevo en el interior de estas pupas y las abandonan.

Avispillas de la especie *Cotesia glomerata* explorando una oruga de *Pieris* para parasitar [Víctor Suárez Naranjo].

Llegará un momento en que de estas pupas emergerá, no la primera avispilla, sino la segunda. Es decir, el verdugo del verdugo de la mariposa. Llegados a este punto creo que la pregunta que podría estar rondando tu cabeza es la siguiente: ¿cómo es que las avispillas encuentran a las orugas parasitadas? Y la respuesta está en las plantas. Cuando las plantas están siendo devoradas por las orugas emiten unos compuestos volátiles que tienen una finalidad muy específica. Pedir auxilio y poner en jaque a sus compañeras. Estas sustancias volátiles son las que les gustan a las avispillas. Son como una petición para que se acerquen a las plantas y pongan los huevos dentro de las orugas. La planta está pidiendo ayuda para eliminar esta plaga indeseable que se está comiendo sus hojas. Pero al mismo tiempo también está llamando indirectamente al parasitoide del parasitoide, o lo que es lo mismo, al hiperparasitoide. Pero, ¿y si fuésemos más allá?

Existen avispillas, como las del género *Mesochorus,* que son capaces de detectar las larvas de ciertas avispillas viviendo dentro de las orugas de mariposa. El cómo descubre exactamente qué larva está parasitada sigue siendo un misterio, aunque se cree que las señales químicas cumplen una importante función. Y ya, una vez localizan al parásito al que van a parasitar, ponen un huevo en su interior a través de una oruga que, desde luego, no es transparente. Atinar para introducir un huevo dentro de una larva que está dentro de una oruga se me antoja imposible y un auténtico trabalenguas.

¿Y si te digo que existe el parásito del parásito del parásito? ¿Y el parásito del parásito del parásito del parásito? Y un largo etcétera. Y es que existen varios niveles secuenciales de parasitismo, y cada vez se descubren casos más extremos. Lo que está claro es que seguiremos recibiendo sorpresas con el paso de los años.

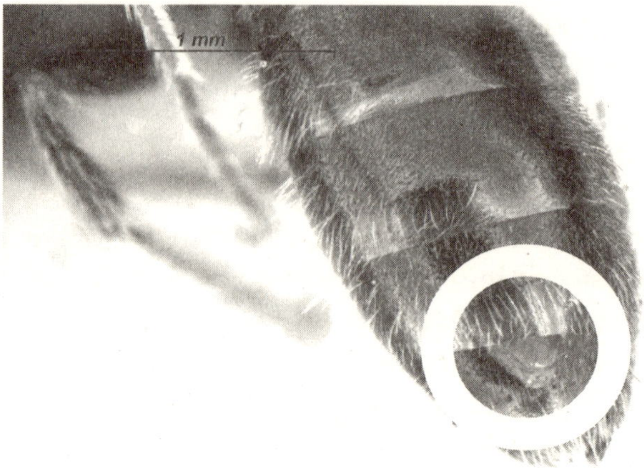

Las hembras de estilópidos, una vez se introducen en el interior de una abeja, dejan su abdomen hacia el exterior, para que sean localizadas por los machos voladores que las fecundarán [Spencer Entomological Collection, Beaty Biodiversity Museum, UBC & Don Griffiths].

Un macho de un estilópido emergiendo directamente de una abeja solitaria. Ahora tendrá que emprender un viaje en busca de una hembra para cumplir su ciclo [Gerald S. Wegner].

¿PUEDO COMERME A MI MADRE?

Nunca te imaginarías a un bebé, flotando en la cómoda bolsa amniótica, comiéndose a su madre desde dentro. Pues los insectos han dicho sí a esa estrategia. Que le pregunten a los estrepsípteros, probablemente uno de los órdenes de insectos más desconocidos. Algunos representantes de la familia de los estilópidos (Stylopidae) son lo más bizarro que existe en este planeta. Las hembras de este grupo buscan otro artrópodo al que parasitar, mayoritariamente abejas y avispas. Cuando se introducen en su interior, las hembras dejan su abdomen fuera para que los machos las localicen y las fecunden. La hembra no abandona a su huésped, y en su mismo interior eclosionan los huevos. Las pequeñas larvas planas de estos estrepsípteros se liberan en las cavidades corporales de su madre, el hemocele, que contiene la hemolinfa, el equivalente a la sangre en los insectos. En el interior de su propio cuerpo son capaces de alimentarse de esta por ósmosis, extrayéndole todos los nutrientes que la hembra ha acumulado. Literalmente no pasa ni una hora desde que nacen y ya se están comiendo a su madre. Cuando se han hartado deciden salir en busca de un nuevo insecto al que parasitar. Abandonan primero a su madre, pero también al huésped en el que está alojado su progenitora.

Aquí tenemos dos caminos distintos. Los machos buscarán un tipo de insecto concreto donde acabarán pupando como adultos alados, saldrán de él y tendrán que localizar una hembra a la que fecundar. Sin embargo, las hembras localizan a su presa y no vuelven a salir nunca más de ella. ¿Te has dado cuenta de que no te he explicado cómo son las hembras? Y es que estamos hablando de seres «neoténicos» que, aunque se conviertan en adultos, mantienen la forma de una larva toda su vida. Solo se moverán para asomar parte de su cuerpo fuera de su hospedador, para que sean localizadas y fecundadas por los machos. Total, si nunca más vas a volver a salir y si tu única función en este momento es cuidar tus huevos, qué menos que dejar que tus crías te coman, ¿no? En la naturaleza se aprovecha todo. Esto es una estrategia extrema que es conocida como «viviparismo hemocélico», y que también han desarrollado algunas moscas de la familia de los cecidómidos, que se caracterizan por formar agallas en muchas plantas. En fin, «cría cuervos»... o, en este caso, cría estrepsípteros y se beberán tu hemolinfa y te drenarán desde dentro.

EL ZOO DE LOS PARÁSITOS

Hemos hablado de algunos casos de parasitismo muy específicos. ¿Qué pasaría si una de estas especies hospedadoras desapareciese? Pues que todos los perfeccionados organismos parásitos que dependen exclusivamente de ella también lo harían. Y es que, en la biología de la conservación nos hemos volcado muchísimo en proteger y cuidar todo aquello que nos ha parecido más funcional o atractivo para los discursos ecologistas. Nadie duda de la importancia de proteger a los koalas, las ballenas azules, el oso panda, el ave pico de zapato, la centaura de Somiedo o las ranas flecha de las selvas tropicales. Pero, ¿qué ocurre con los parásitos?

No existen, en la mayoría de casos, líneas de conservación, y su existencia es igualmente importante. Sin ellos, como principales controladores naturales de muchas especies, las poblaciones de algunos organismos se desmadrarían. Y los ecosistemas se desestabilizarían. Hay artrópodos de los que no hemos hablado en este capítulo: pulgas, ácaros, garrapatas, moscas o chinches que viven ligados a los mamíferos o las aves, por ejemplo, y son igualmente importantes para los ecosistemas. Si se extingue el elefante, no solo desaparecía este paquidermo, sino todas las especies de parásitos especialistas que dependen exclusivamente del elefante.

Desde la comunidad científica se ha propuesto la creación de zoológicos de parásitos o bancos para promover su conservación. ¿Os imagináis un sitio donde, en vez de preservar al amenazado lince, se conserva al piojo del lince ibérico, *Felicola isidoroi*? Pues así es. En el Museo Nacional de Ciencias Naturales de Madrid se conserva el único ejemplar de esta especie. Un macho. Este era un piojo que solo vivía en el pelo del lince ibérico, parasitándolo. Cuando la especie llegó a tal nivel de declive que fue necesario intervenir, nosotros mismos provocamos su extinción. Multitud de linces fueron capturados y llevados a cautividad para poder empezar un programa de conservación *ex situ*. Entre otros tratamientos, los linces fueron completamente desparasitados antes de entrar en las instalaciones destinadas a su cría. El piojo del lince ibérico presuntamente desapareció en ese mismo momento. Y desde entonces nunca más se ha encontrado ninguno de estos piojos, que hoy se consideran extintos, mientras que sí conseguimos salvar a su hospedador.

Otros huéspedes no tuvieron tanta suerte, como fue el caso de la foca monje del Caribe *Neomonachus tropicalis*, cazada hasta la extinción, y con la que desapareció también su especialista ácaro nasal *Halarachne americana*, que solo vivía en su nariz. Deberíamos tener en cuenta el incalculable valor que tienen todos los parásitos en la naturaleza. Y el valor intrínseco de toda la biodiversidad. ¿Tienen menos valor todos los parásitos específicos de sus hospedadores que los propios huéspedes? Y es que, sin la avispa cazadora de cucarachas, en su hábitat natural habría miles de cucarachas, y sin los estrepsípteros, muchos artrópodos prosperarían hasta el extremo. ¿A qué nunca te habías planteado un zoológico de pulgas, ácaros, piojos, avispillas y mantíspidos? Quizás esto nunca llegue a existir, pero tenemos que reenfocar la situación actual, porque todo cumple su función y es igual de valioso, incluso aquello que no tiene un aspecto especialmente agradable, simpático o achuchable.

Esta foto es del único ejemplar conservado del piojo del lince ibérico, *Felicola isidoroi*. Un macho que se conserva en el Museo de Ciencias Naturales de Madrid [Jean-Claude Stahl - Museo de Nueva Zelanda Te Papa Tongarewa, Wellington, N.Z & ayuda de Ricardo Palma].

Las arañas cangrejo o tomísidos tienen el mismo color que la flor que ocupan. Estas esperan pacientemente la llegada de sus presas, para las que son virtualmente invisibles [Sue Robinson].

V. LOS ARTÍFICES DEL ENGAÑO

Con la naturaleza es preferible ser escéptico. Muchos de los organismos que nos rodean tratarán de engañarnos. Bien porque quieren pasar desapercibidos, disuadirnos, comernos o simplemente porque quieren servirse de nosotros. Ni todas las ramas son ramas, ni todas las flores son flores, ni todos los insectos son lo que aparentan ser. Como decía Tony Stark en *Iron Man*, si quieres sobrevivir, tu única opción es cambiar y actualizarte; eso es lo que han hecho un sinfín de artrópodos. En este capítulo hablaremos del mimetismo, la capacidad de hacerse pasar por otros organismos y sacar partido.

FORMAR PARTE DEL ATREZO DEL PAISAJE

En la naturaleza es muy importante pasar desapercibido. La evolución ha ido perfeccionando muchas técnicas de camuflaje. Se denomina «cripsis» a aquellas adaptaciones que hacen a los animales pasar inadvertidos ante el resto de organismos. Una primera opción es fundirte con el entorno y ser un figurante del teatro de la naturaleza. ¿Y cómo se podría hacer? Por ejemplo, jugando con el color. Los ecosistemas poseen una gran cantidad de matices cromáticos. Cada flor y cada animal tiene un patrón y un color que los caracteriza. En una pradera podemos encontrar todos los colores del arcoíris distribuidos de forma irregular en muchas flores. Y en ellas esperan a sus presas unos diminutos depredadores expertos en el engaño.

Las arañas cangrejo de la familia de los tomísidos son unos pequeños arácnidos florícolas que no fabrican telas para cazar. Utilizan el silencio, la paciencia y el color como estrategia. Se colocan sobre flores de su mismo color. Por lo tanto, a ojos de los polinizadores, son invisibles. Sobre la flor de una malva, serán moradas y las que esperan en esa margarita, serán blancas. Extienden sus dos primeros pares de patas como las pinzas de un cangrejo (de ahí su nombre) y simplemente esperan a una presa. Cuando un polinizador se acerca, lo apresan, le inyectan veneno, y una vez muere, se lo comen. Un proceso rápido, silencioso y letal. Incluso nuestros ojos son incapaces de detectarlas. Es más fácil ver en el campo a una mosca o abeja reposar en una flor en una posición extraña, como levitando estática. Y, cuando nos acercamos, vemos a la invicta araña sosteniendo a su presa entre los pétalos de su colorida guarida.

No todos los colores están disponibles durante todo el año. Hay momentos en los que las flores amarillas son más abundantes, pero en otros domina el blanco o el violeta. Sin embargo, las arañas cangrejo deben cazar todo el año, y han tenido que buscar una solución para los cambios de maquillaje de la naturaleza. Estas arañas perciben los estímulos visuales de las flores sobre las que cazan y son capaces de adquirir en unos pocos días el nuevo color en caso de que cambie. Este proceso fisiológico aún no tiene una explicación detallada, pero no por ello deja de ser sorprendente. Más fascinante es cuando a veces observamos arañas con un color completamente diferente al «de su flor». ¿Existirá el daltonismo en el mundo de las arañas? En este caso, la explicación es otra.

Muchos insectos florícolas no perciben los colores tal cual los vemos nosotros. A veces, aunque nosotros veamos una planta completamente blanca, al pasarle un espectro ultravioleta, se evidenciarían marcas de tonos más oscuros. Este tipo de marcas son las que utilizan muchos insectos voladores para encontrar las flores. ¿Y si te dijese que hay arañas que imitan este tipo de pistas de aterrizaje? Quizás tú veas una araña blanca sobre un fondo amarillo. Pero posiblemente esa araña presente un espectro ultravioleta que les haga parecerse a la «pista de aterrizaje» de esa flor. Nosotros vemos algo que puede ser completamente distinto a lo que una abeja percibe. Y es allí donde irán los insectos, deseosos de alimentarse del polen y del néctar, cayendo directamente en la trampa de la araña que, paciente y silenciosa, ha sido la primera en engañarnos.

El color es vital para el camuflaje. De hecho, seleccionar los matices adecuados puede significar la diferencia entre ser detectado o no. Las estrategias de color son seguidas por muchos saltamontes y mantis, tanto para pasar desapercibidos como presas, como también para cazar al acecho como depredadores. Seguro que muchas veces has visto una mantis religiosa marrón, pero también verde. También habrás percibido que a veces una misma especie de saltamontes es marrón pajizo, gris pedregoso o verde hierba, según donde se encuentre. Cuando dependes del color para ocultarte, tienes que adaptarte al paisaje.

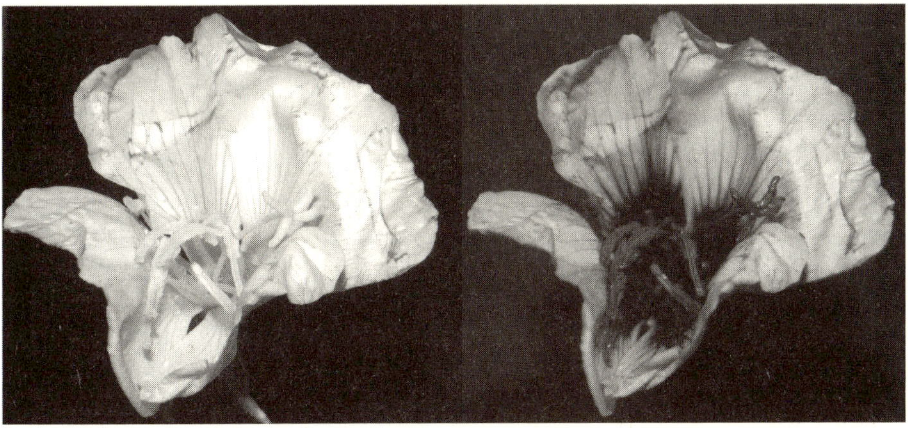

Una *Oenothera* que muestra un tono claro a nuestra vista (izquierda) presenta un centro negro (derecha) bajo el espectro ultravioleta, que funcionaría como un reclamo para los insectos voladores [Melissa León, Elaine Meslow, Elena García, Justen Whittall y Eduardo Narbona].

Hemos explicado anteriormente que muchos insectos son hemimetábolos. Mudan durante casi toda su vida, sin una pupa o una metamorfosis completa. Para estos insectos, los estímulos visuales del atrezo paisajístico son muy importantes. Las mantis y los saltamontes perciben el color de la vegetación circundante, y muda tras muda, mientras van creciendo, adquieren el tono del sustrato predominante. De esta manera siempre pueden pasar desapercibidos. En primavera y verano, cuando la hierba está fresca y brillante, se visten de color esmeralda. Mas en otoño e invierno, cuando las praderas se tiñen de marrón y amarillo, mejor parecer una rama seca más. Quién nos iba a decir que los insectos son unos actores excelentes expertos en los cambios de vestuario.

El uso del color es una base importante sobre la que puedes añadir otros elementos. Existen artrópodos que recogen elementos de su entorno para camuflarse con ellos. Por ejemplo, ciertas chinches del género *Reduvius* se cubren completamente de polvo. Cuando se quedan estáticas pasan totalmente inadvertidas. De esta manera son capaces de cazar sin que sus presas las detecten. Pero si esto te parece poco, hay quienes han decidido sumirse en el mundo de la costura y fabricar sus propios disfraces para triunfar en el engaño.

Ciertas chinches del género *Reduvius* se recubren con polvo u otras partículas, lo que las hace pasar completamente desapercibidas [Eric Isselee].

Los fásmidos son, sin duda, los reyes del camuflaje. Su nombre no deja lugar a indiferencias: insectos palo, insectos corteza e insectos hoja. De hecho, el término *phasma* significa «aparición» o «espíritu». Nuestros antepasados debieron quedar sorprendidos ante la aparición de estos invisibles seres como guardianes de los árboles de bosques y selvas, lo que les llevó a ser considerados como espíritus, de ahí su nombre. Han perfeccionado sus disfraces durante millones de años de evolución. Todas las especies conocidas son herbívoras. Viven sobre sus plantas nutricias, alimentándose de hojas y brotes. Pasan mucho tiempo quietos, e incluso se balancean con la brisa. Han estudiado a la perfección la anatomía vegetal y se camuflan como larguiruchas ramas, complicadas hojas, pequeñas gramíneas o carcomidas cortezas.

Trychopeplus es un género que no se ha conformado con parecerse a una rama. Este grupo de fásmidos, a veces denominados «insectos musgo», presenta uno de los casos más extremos de cripsis. Todo su cuerpo está recubierto por prolongaciones foliosas que le hacen confundirse con los musgos y líquenes que crecen sobre las cortezas de los árboles de su hábitat. Es una adaptación única para pasar desapercibido y no ser comido.

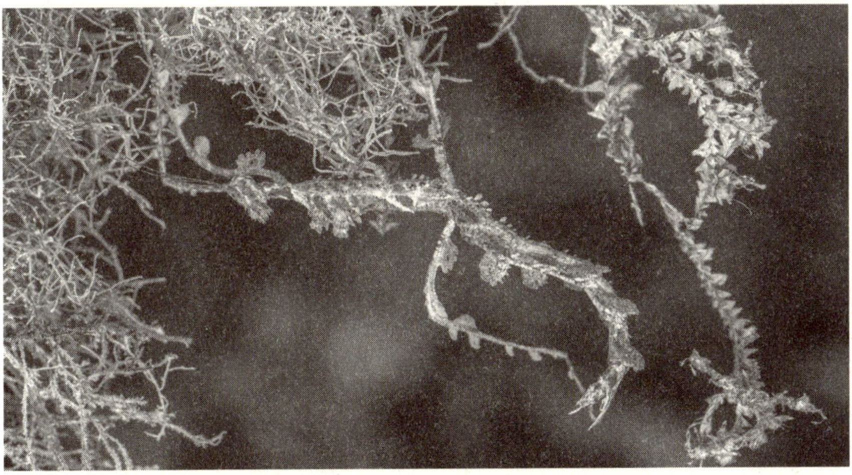

Una hembra de *Trychopeplus thaumasius* perfectamente camuflada sobre el musgo que le da nombre a este grupo de fásmidos tan especial [Pablo Valero].

Un ejemplar de *Kalima inachus* [Lukas Kozlik].

Existe una ingente cantidad de casos, como las mantis orquídea que adquieren los colores de las orquídeas sobre las que cazan. O los saltamontes piedra del género *Oedipoda* que toman la tonalidad del sustrato rocoso sobre el que habitan. Y luego te sorprendes con la mariposa hoja *Kalima inachus*, y decides rendirte, pues los insectos nos han vuelto a ganar, esta vez, en el noble arte del disfraz.

YO SOY TÚ… ¿O NO?

Dejando de lado el concepto de cripsis, podemos sumergirnos en el fascinante mundo del mimetismo. La propiedad de un organismo de asemejarse a otro de su entorno. Aunque existen muchas variedades, una de las más interesantes es el «mimetismo batesiano». Henry Walter Bates, naturalista y científico británico, dio con esta tecla mientras estudiaba mariposas tropicales. Después de interminables noches de estudio observó que había mariposas sin un ápice de toxicidad que intentaban simular con gran éxito los patrones de las mariposas más venenosas. Esta estrategia es magnífica. Muchos animales tratan de parecerse a otras especies más peligrosas, venenosas o repugnantes, para así evitar que se los coman. Y aunque es algo que está bien extendido por todo el mundo animal, los mejores disfraces del mimetismo batesiano los han creado los insectos.

Siempre me ha sorprendido como muchos de estos insectos también han sabido engañarnos a nosotros. Una de las mejores anécdotas que recuerdo está protagonizada por uno de estos singulares mentirosos. Tengo un compañero que es alérgico a las picaduras de abejas y avispas. De entre toda la fauna europea de himenópteros, probablemente su mayor terror sea el gran e intimidante avispón europeo *Vespa crabro.* Estábamos comiendo tranquilamente cuando dio la casualidad de que sobre la mesa se posó un insecto volador no identificado de gran tamaño. Cuando lo miré, parecía sin duda un avispón europeo. Mi compañero lo vio y, como no podía ser de otra manera, cundió el pánico. No está de más destacar que abejas y avispas solo atacan si se sienten realmente acorraladas o amenazadas. De normal prefieren huir. Mi amigo se levantó de la mesa y salió corriendo, mientras nuestro pequeño protagonista seguía impasible. Cuando me acerqué a mirar me sorprendió encontrarme ante una de las moscas más grandes de toda Europa, la «mosca avispón europeo» *Milesia crabroniformis.* Como su propio nombre indica, esta mosca evita a los depredadores pareciéndose a uno de los insectos más temidos del ecosistema en el que vive.

Dibujos originales de Henry W. Bates de 1861. La primera y tercera línea representan mariposas no venenosas que intentan asemejarse a otras especies venenosas mostradas en las filas segunda y cuarta.

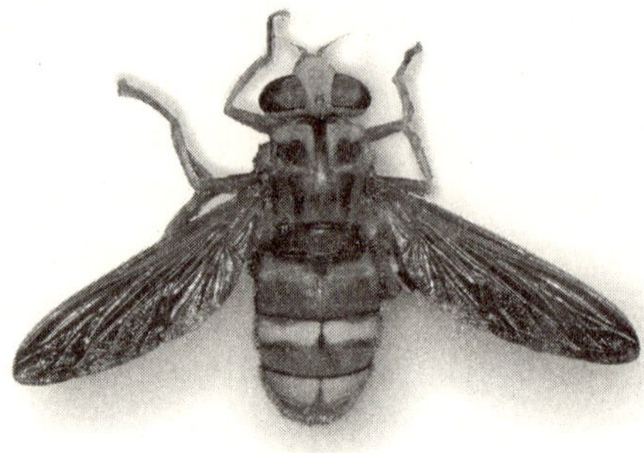

Una comparativa entre el avispón europeo *Vespa crabro* (izquierda) [Neryxcom] y el sírfido que trata de imitarlo, *Milesia crabroniformis* (derecha) [Marián Álvarez].

Es sorprendente observar la gran similitud morfológica que existe entre ambas especies cuando las comparas. Esta mosca pertenece a los sírfidos, una familia de fascinantes dípteros cuya estrategia principal es el mimetismo batesiano. Simulan ser abejas, abejorros y avispas. Sin embargo, todas estas moscas son inofensivas e incapaces de picarnos. Se alimentan del néctar de las flores donde también viven muchos de sus depredadores, los cuales no osarían acercarse a un avispón europeo, pero sí a una inofensiva mosca. Quizás su camuflaje no siempre sea perfecto, pero suele funcionar. Visitando una *Casa de la Ciencia* cuya ubicación no quiero comentar, observé que tenían unas planchas en las que, identificada como una abeja de la miel, figuraba la foto de una mosca zángano del género *Eristalis*. Una vez más, los sírfidos incluso engañando a los divulgadores científicos. Y es que, ¿qué me decís de la especie *Spilomyia longicornis*? Pasaría por una avispa típica del género *Vespula* que tanto pavor nos causa. Como suele decirse, las comparaciones son odiosas.

El mimetismo batesiano también ha sido aprovechado por ciertas polillas de la familia de los sésidos (Sesiidae). *Sesia bembeciformis* es un ejemplo clásico de estas polillas que trata de engañar haciéndose pasar por una peligrosísima avispa. Si identificar insectos es complicado, más aún cuando añadimos este nivel de dificultad.

A la hora de camuflarse imitando a otro, las posibilidades son infinitas. Solo tienes que elegir cualquier animal, no necesariamente un insecto, y copiarlo. Por ejemplo, ciertas familias de mariposas como los ninfálidos cuentan con muchas especies que presentan ocelos (como ojos) en sus alas. Su función es desviar el ataque de los depredadores hacia zonas no vulnerables, como la punta de las alas. Atacar ahí significa un intento fallido para el depredador y una oportunidad para que la mariposa escape volando.

Uno de estos sorprendentes ejemplos son las mariposas tropicales del género *Caligo* . Estas presentan un enorme ocelo amarillo en sus alas. Cuando las mariposas reposan en una rama con las alas extendidas podemos apreciar dos grandes ojos que observan el entorno, como los de un búho. Sin embargo, en el mundo del mimetismo también cometemos muchos errores. Son animales crepusculares que tratan de evadirse de sus depredadores, lagartijas y aves. Pero no se sabe aún hoy que es lo que están imitando realmente, aun-

Aunque menos comunes, los sésidos son polillas también expertas en el mimetismo batesiano al copiar los colores de las avispas [A.S. Floro].

que una de las hipótesis más aceptada es que imitan los grandes ojos de ciertas ranas o sapos de su hábitat para disuadir a algunos de sus principales depredadores. Quizás el problema sea que tendemos a verlo todo desde una perspectiva muy antropocéntrica. Lo que está claro es que este engaño y otros tantos aún están en el cajón de los enigmas sin resolver.

Existen otros llamativos casos capaces de sugestionarnos. La polilla *Hemeroplanes triptolemus* de la familia de los esfín-

Si vemos la mariposa completamente abierta nos recordará a los ojos de alguna rapaz nocturna. ¿Será lo que pretenden? Queda mucho por investigar para descubrirlo [Kriachko Oleksii].

gidos es uno de ellos. Las orugas habitan en las selvas de América Central. Esta oruga no es ni venenosa ni peligrosa y sin embargo es grande y apetitosa. Cuando un depredador se acerca a ella, la oruga se pone nerviosa, pero permanece estoica. Levanta su cabeza y la hincha poco a poco. Cuando la deja completamente elevada, comienza a ondular de lado a lado. El aspecto que proporciona es el de una serpiente dispuesta a atacar. El depredador, asustado ante la situación de un ataque inesperado, huye, y la oruga vuelve a comer tranquilamente las hojas de su planta nutricia, habiendo salvado su pellejo un día más.

Hay muchos más ejemplos. Uno es el de *Goniurellia tridens,* una mosca de la familia de los tefrítidos (Tephritidae). Esta mosca florícola se alimenta de néctar. Cuando esta se posa, sus alas extendidas tienen un motivo que recuerda a… ¿dos hormigas? ¿Dos arañas? Sea cuál sea, un enemigo al que temer. Extendiendo y retrayendo las alas, *G. tridens* puede crear un efecto óptico que disuadirá a sus potenciales verdugos. Probablemente sí atacarían a la mosca, pero nunca osarían acercarse a una colonia furiosa de hormigas o a una araña, a priori más peligrosas.

Ciertas moscas del género *Goniurellia* tienen unos motivos en las alas que nos recuerdan a algún bicho… ¿a qué te recuerda a ti? [Peter Roosenschoon].

Las moscas no han sido las únicas que sueñan con ser artistas. Una pequeña polilla asiática de la familia de los drepánidos, *Macrocilix maia*, también es una experta grafitera, además de un bocado apetitoso para cualquier ave. Esta solo vuela de noche. Durante el día debe pasar desapercibida. Para ello, reposa entre las hojas de la vegetación con sus alas extendidas. En ellas podemos apreciar dos larvas o moscas alimentándose de las heces de un ave. Esto le hace pasar desapercibida ante sus plumíferos depredadores. No es la única que pretende simular ser un excremento, pues las polillas del género *Cilix* también llevan esta estrategia al extremo. En el arte del engaño, no hay límites. Quizás después de mucho hipotetizar lleguemos a la conclusión de que todas nuestras interpretaciones están equivocadas. Todo esto podría ser para nosotros un caso de pareidolia. Un fenómeno psicológico que nos hace ver caras, formas y figuras en estímulos que no son lo que creemos apreciar. Igual todos estos insectos nos están engañando hasta ese punto.

El exótico dibujo de *Macrocilix maia* ha llamado siempre la atención al tratar de simular unas larvas de mosca alimentándose de excrementos [Alexey Yakovlev].

EL TRILERO DE LOS CIEGOS

La picaresca siempre ha estado a la orden del día. Ya se relataba en la famosa historia del ciego y las uvas del *Lazarillo de Tormes*. Ni engañar a un ciego es tan fácil, ni este lo tiene más difícil para confundirte. Cuando no puedes ver, ni el color, ni los disfraces, ni el mimetismo batesiano son engaños que te sirvan de mucho. Si no, que se lo digan a los murciélagos. Muchas especies son insectívoras y capturan los insectos nocturnos voladores que se les ponen a tiro, principalmente polillas de gran tamaño o neurópteros. Utilizan la ecolocalización para capturar a sus presas y emiten vocalizaciones —en un espectro sonoro no audible para nosotros— que salen en todas las direcciones, impactan con los obstáculos, incluyendo sus presas, y vuelven hacia ellos. Captan y evalúan estos «ecos» por sus orejas y así los utilizan para orientarse, calcular distancias, esquivar peligros y cazar en la más completa oscuridad.

Cycnia tenera es capaz de vibrar en el aire, alertando a sus depredadores, los murciélagos, de que es venenosa [Andy Reago & Chrissy McClarren].

Muchas polillas e insectos han tratado de ser coloridos para explicarles a otros depredadores que son tóxicos. No en vano, los colores vivos se suelen asociar al carácter venenoso o repugnatorio. A este fenómeno se le denomina «aposematismo». La estrategia de tener colores chillones para decirle a tu depredador: «¡Cuidado! Si me comes, probablemente tengas una indigestión». Pero, ¿qué haces cuando tu principal depredador solo utiliza el oído? Reinventarse, o morir. Y aquí surge uno de los mimetismos más sorprendentes. El «mimetismo auditivo».

La polilla tigre delicada *Cycnia tenera* es una polilla de color blanco, nada llamativa. Curiosamente, este color disuade a sus depredadores diurnos, mas no a los nocturnos. Cuando sale a volar, su mayor miedo es ser ingerida por un murciélago. Pero ella es venenosa y quiere que sus verdugos nocturnos lo sepan. Un impacto en pleno vuelo puede dejarla dañada e incapaz de volar. Cuando está volando, esta polilla rompe la paradoja de la relación que existe entre murciélagos y polillas. Emite pequeñas vibraciones con una frecuencia que los murciélagos pueden captar a la perfección. Les está indicando que no sabe bien, y que no osen acercarse a ella. De hecho, incluso si una polilla que no está emitiendo vibraciones es capturada por un murciélago en pleno vuelo, se pondrá a vibrar para indicarle a su depredador que es un bocado muy arriesgado. El murciélago preferirá escupir a la polilla y buscar otras presas. Y es que, cuando no puedes avisar con tu color, avisa con el sonido. La pregunta aquí es, ¿dónde está el engaño?

El engaño está en el resto de las polillas de la subfamilia de los árctidos (Arctiinae). Una gran mayoría de estas polillas no generan ningún componente tóxico. De hecho, serían un bocado excelente para los murciélagos. ¿Y qué hacen todas estas polillas? Vibrar también. Imitan a sus compañeras venenosas y vibran como lo hacen ellas. Emiten tics nerviosos, clics y convulsiones abdominales que se transmiten como pequeñas vibraciones que disuaden a los murciélagos de que se las coman. ¡Y funciona! La verdad es que no debe haber nada más satisfactorio que ser una polilla que vuela en la noche, entre tus propios depredadores, y que te esquiven pensando que eres tóxica o peligrosa. Jaque mate, depredadores.

LOBOS CON PIEL DE CORDERO

Hemos comentado la capacidad de muchos artrópodos de colonizar regiones inhóspitas o de vivir en el interior de otros animales. Lo importante es aprovechar todos los rincones disponibles. Existe un hábitat que se encuentra en la práctica totalidad del globo terráqueo, ofrece cobijo, alimento y una armada de soldados dispuestos a defenderlo: los hormigueros.

Las hormigas son himenópteros eusociales pertenecientes a la familia de los formícidos. La mayoría de especies tienen un sistema de división del trabajo en castas: los soldados, las obreras y la casta reproductora. Estos insectos son capaces de construir verdaderos rascacielos de tierra, excavar los sustratos más duros, crear todo un sistema de cámaras en los árboles o utilizar nuestras propias casas para establecer su propio hogar. Si consigues penetrar en su interior y disimular ser una hormiga más, tu vida está casi solucionada: tendrás una fuente inagotable de alimento, vivirás en un hogar con un perfecto sistema de climatización, y un dedicado servicio de limpieza. Además, contarás con un ejército de soldados dispuesto a defenderte de cualquier peligro.

Son muchos los artrópodos a los que no les han pasado desapercibidas todas estas ventajas. Son los denominados «mirmecófilos». Esto ha hecho que las hormigas se conviertan en los animales qué más veces han sido engañados en la evolución. Esta relación se ilustra a la perfección en la canción *Wolf in Sheep's Clothing*, interpretado por la banda de rock americana Set it Off que habla de «esos lobos con piel de cordero».

Un ejemplo son las arañas. Existen más de trescientas especies en el mundo especializadas en cazar hormigas. Sin embargo, acercarse a un hormiguero es peligroso. Si eres detectado como un intruso, el ejército saldrá en masa a atacarte. Las arañas conocen este peligro y hacen todo lo posible por pasar desapercibidas ante sus presas.

Ciertos saltícidos de los género *Myrmaplata*, *Myrmarachne* o *Diolenius* (entre otras) son auténticos expertos del camuflaje. Son arañas que visualmente nos recuerdan ligeramente a una hormiga. Pero lo más importante es que se comportan como una hormiga. El primer problema que tienen que resolver es una cuestión de patas: las hormigas tienen seis, pero las arañas tienen ocho. Por otro lado, las arañas no tienen antenas, pero las hormigas sí. ¿Veis la solución de este peculiar cubo de Rubik? Las arañas que imitan hormigas extienden su primer par de patas hacia delante, como si fuesen antenas. Además, se mueven en zigzag utilizando los caminos que las hormigas construyen para transportar alimento. Comportarse como un miembro de la colonia les da la ventaja para atacar, matar y devorar a cualquier obrera que se ha separado del grupo.

Estas arañas deben tener muchísimo cuidado. No son hormigas, ni nunca lo serán. Si cometiesen el fallo de retirar sus falsas antenas, o si fuesen vistas comiéndose a otra hormiga, habrán firmado su sentencia de muerte. Estas arañas no pueden cometer ningún tipo de error si quieren seguir viviendo. Esto se denomina «mirmecomorfología» y es el arte de adquirir la forma y el comportamiento de una hormiga para eludir las defensas visuales de estos himenópteros.

Una comparativa entre una hormiga africana (en la parte superior) y la araña mirmecomorfa, *Myrmarachna ichneumon*, que la imita [Tomás Shahan].

No obstante, no todos los depredadores de hormigas «se parecen» a una hormiga. La subfamilia de sírfidos apodados como microdontinos (Microdontinae) es un ejemplo. Los microdontinos son moscas que ponen los huevos en las proximidades de los hormigueros, e incluso en el interior de alguno de los agujeros de entrada. De estos huevos salen unas amalgamas gordas y masivas que no se parece a ninguna larva que podamos imaginarnos. Viven en las cámaras superiores del hormiguero como carroñeras, o como depredadores. Atacan a otras hormigas frente a toda la colonia. Aunque su aspecto nada tenga que ver con una hormiga, da igual si al menos eres capaz de oler como tal.

Cada colonia de hormigas tiene un olor característico. Esto es debido al perfil de hidrocarburos cuticular que generan los distintos miembros de un hormiguero. Las colonias de distintas especies o incluso las de la misma especie presentan olores completamente diferentes. Es como el signo de identidad de cada familia. Lo que la hace única. Lo que hacen algunas de estas larvas es oler como «sus» hormigas. Sintetizar un perfil de hidrocarburos similar. Esto no es

Los microdontinos son sírfidos con unas larvas extraordinariamente peculiares que viven cazando o carroñeando en las entradas de los hormigueros [Bruce Blake].

inmediato, y requerirá de aprendizaje. Mientras tanto, estas larvas están rodeadas de gruesas capas de protección que les sirven para aguantar los ataques de los soldados. Es como si estuviesen cubiertas por corazas. De hecho, muchos microdontinos directamente ni sintetizan el olor de las hormigas. ¿Para qué? Están tan blindados que les da exactamente igual, pues son indestructibles. A las hormigas no les queda otra opción que vivir con ellas.

Entre todos estos lobos con piel de cordero existe una bella doncella que entraña un oscuro secreto. Tanto las arañas como las moscas no suelen gustar a la mayoría de las personas. Pero, ¿qué me decís de las mariposas? Existen ciertas mariposas diurnas de la familia de los licénidos que podemos ver libando el néctar de una flor de nuestro jardín que se han asociado de una forma muy particular con las hormigas. Hablamos, por ejemplo, de las del género *Phengaris*, comúnmente conocidas como las mariposas hormigueras.

Los adultos son como cualquier otra mariposa. Utilizan su larga espiritrompa para succionar el néctar de las flores. Coquetean con otros individuos de su misma especie hasta

Las mariposas del género *Phengaris* son seres diurnas que dependen estrictamente de las hormigas para desarrollar su ciclo vital [Arturo Iglesias].

que se emparejan. Las hembras, una vez fecundadas, buscan el sitio idóneo para poner sus huevos. Cada mariposa tiene una o varias plantas nutricias que las larvas necesitarán para desarrollarse. Una vez que las localiza deposita sus huevos y perece. Días después surgirán unas pequeñas orugas que se alimentarán brevemente de brotes y hojas. Ahora bien, estas orugas deciden pronto que ser vegetarianas no es lo suyo. Se tiran al suelo y esperan pacientemente a que pase una hormiga a la que engañar. Las orugas de las mariposas hormigueras han perfeccionado su olor para parecerse a la larva de ciertas especies de hormigas. Por si fuera poco, cuando una hormiga se acerca, sorprendida porque una larva de su propio hormiguero esté tan lejos de su casa, la oruga le ofrece un último presente. Produce una pompa de néctar azucarado que la hormiga bebe. Encandilada por el sabor, y confundida por el olor, la hormiga atrapa a la oruga con sus mandíbulas y la lleva hasta el hormiguero.

Una vez dentro, la oruga es trasladada a la cámara de cría del hormiguero. Ahí empezará a devorar a sus falsas hermanas. En el oscuro mundo subterráneo donde la visión no es necesaria, las hormigas solo son capaces de percibir el olor de

Las orugas de muchas mariposas de la familia de los licénidos necesitan, para completar su metamorfosis, de la asistencia por hormigas [Rafa Obregón].

una larva más. Únicamente la entrada al nido es un paso crítico. Si consigue perpetrar su engaño, la oruga vivirá un año con una fuente infinita de alimento. Sin embargo, las orugas de ciertas especies de hormigueras tienen estrategias ligeramente distintas. Son capaces de modular su olor y de emitir vibraciones similares a las de una reina. De esta manera las propias hormigas obreras alimentarán a la oruga mediante «trofalaxis». Es decir, le regurgitarán comida directamente en la boca a la oruga, pensando que se lo está implorando su reina. ¡Un plan perfecto! Transporte sin límites, protección gratis y barra libre durante un año. Independientemente de la estrategia, llegará un momento que esta doncella querrá volver a volar. Pero llegará aquí la situación más complicada para ella.

Las mariposas hormigueras pupan en el interior del hormiguero. Esto les asegura una máxima protección. Las hormigas la protegerán pensando que es una larva más que está preparada para emerger como hormiga. Sin embargo, cuando aparece la mariposa adulta, el engaño es revelado. Ni huele, ni suena ni se parece a una hormiga. Aprovechando la confusión, la mariposa debe huir del hormiguero a toda velocidad. El ejército al que engañó durante toda su vida se vuelve drásticamente en su contra. Los primeros minutos de vida del adulto se caracterizan por una carrera por su propia supervivencia. Si logra salir del hormiguero, hinchará sus alas y echará a volar, retomando una vida de coqueta doncella de los prados. Y es que, aunque este ejemplo pueda parecer muy específico, muchísimas son las larvas de licénidos que necesitan ser asistidas por las hormigas para completar sus ciclos vitales. Lo que nunca cabría esperarse de una mariposa.

EL ENGAÑO DEL ENGAÑO

¿Cuál es el engaño más sofisticado? Es difícil de saber. En 2015 se describió de Perú una interesante avispa parásita. Aunque solo se conoce un ejemplar hembra, su aspecto es impresionante. La morfología de su abdomen, así como los peculiares colores que presenta son únicos en el mundo de las avispas de la familia de los icneumónidos. Es tal su llamativo atrezo que fue bautizada como *Clistopyga caramba*. Has leído bien el epíteto específico. «Caramba». Los autores, utilizando un tono humorístico, decidieron bautizarla como la expresión española de: «¡Ay, caramba!». Pero, ¿por qué es tan especial?

Esta avispa comparte hábitat con hormigas que tienen su mismo patrón de color. Al mismo tiempo, estas hormigas son atacadas por una araña mirmecomorfa que presenta, otra vez, su mismo color. Las arañas viven cerca del hormiguero capturando hormigas sin ser descubiertas. Además, estas arañas explotan otra fuente de alimento. Localizan a ciertos saltícidos que les tienen pánico a las hormigas y simulan un ataque como si fuesen un miembro más del hormiguero. Los saltícidos asustados, en caso de tener un saco de huevos, lo abandonan y salen huyendo. Así, las arañas mirmecomor-

La rara coloración de esta avispa parásita nos hace dudar de qué engaño trata de realizar [Illari Sääksjärvi, Biodiversity Unit, University of Turku].

fas, además de hormigas, también ingieren los huevos de otras arañas. Lo peculiar de esta intrincada relación es que *Clistopyga caramba* pertenece a un grupo de avispas que suelen parasitar arañas. Ahora bien, ¿cuál es la hipótesis correcta? ¿Está nuestra avispa protagonista intentando parecerse a una hormiga para que las arañas mirmecomorfas traten de cazarla, y así parasitarlas? ¿O está tratando de parecerse a una hormiga para acercarse a los saltícidos, asustarlos, y motivar que estos abandonen el saco de huevos que ella parasitará? ¿Cuál es la correcta? ¿No estamos, acaso, ante el engaño del engaño? Por desgracia, de momento son todo hipótesis. Como dirían sus descubridores… ¡Ay, caramba!

LOS LADRONES DEL OLOR

Existen muchos artrópodos que han engañado a las hormigas para alimentarse de ellas. Pero en un hormiguero puede haber un gran bufé de alimentos. Existen hormigas que recogen semillas, hojas, animales muertos, frutos o cualquier otra cosa que pueda ser mínimamente nutritiva. Si eres un insecto en busca de alimento, tienes donde elegir. También puede ser que solo te interese un lugar donde estar protegido frente a los depredadores o a las inclemencias del tiempo. O quizás seas una madre que está buscando el sitio idóneo para su descendencia. Eso es lo que han sabido aprovechar una infinidad de coleópteros, los mirmecófilos.

Hay escarabajos de muchas familias asociados a las hormigas. Existen mirmecófilos en los histéridos, los tenebriónidos, los estafilínidos o los carábidos, entre otras. Hay escarabajos que también atacan y depredan huevos, larvas y adultos de hormigas, como los representantes de la subfamilia Paussinae de los carábidos. Estos se introducen en los hormigueros produciendo unas secreciones antenales que les permiten interaccionar con los miembros de la colonia. Se comunican con ellas mediante su mismo patrón de vibraciones. Hay todo tipo de estrategias, pero algunas tienen especial interés.

Algunos artrópodos no son capaces de sintetizar el perfil específico de hidrocarburos de una colonia, al menos de forma idónea; por lo tanto, muchas especies optan por convertirse en ladrones del olor. Suelen ser mirmecófilos generalistas, a los que les es indiferente la especie de hormiga a la que engañar. Un ejemplo son los grillos mirmecófilos de la familia de los mirmecofílidos (Myrmecophilidae) que tienen el récord de ser unos de los grillos más pequeños del mundo. Sin alas, sordos e incapaces de producir ningún sonido, se mueven entre las cámaras de las hormigas como si fuesen un miembro más de la colonia. Interaccionan con ellas acariciando sus antenas, a cambio estas las alimentan por trofalaxis, —por sí mismos, la mayoría de estos grillos son incapaces de alimentarse—. Su descendencia crecerá en el mismo hormiguero, al amparo de un hábitat perfecto para ellos.

Lo mismo hacen las cochinillas de la humedad mirmecófilas, como las del género *Platyarthrus* o ciertos pececillos de oro de la familia de los nicolétidos (Nicoletidae) y lepismátidos (para muestra, el género *Neoasterolepisma*). Ninguno de estos seres se parece a ninguna hormiga que exista, pero viven entre ellas. Cuando llegan a un hormiguero, se embarcan en una auténtica misión suicida. Corren entre las hormigas, chochándose con ellas. Las empujan y se alejan. Poco a poco, empujón tras empujón, se van impregnando de su

Los grillos mirmecofílidos son unos de los más pequeños del mundo, y viven íntimamente ligados a las hormigas [Adriá Miralles].

aroma. Se lo roban. También las hay que combinan la producción de un primer olor disuasorio y luego aprenden del olor del hormiguero particular que han invadido para imitarlo a la perfección en sucesivas mudas. ¡Y ya está! Una vez dentro trabajan como detritívoros, alimentándose de cualquier resto de comida que encuentran y que ha sido recolectado por las hormigas. Puede que no paguen alquiler, pero al menos realizan tareas de limpieza. Solo tienen que rozarse con las hormigas para seguir manteniendo su olor. Unos auténticos maestros del engaño.

Por último, en este gran grupo de ladrones del olor merece la pena mencionar a la cucaracha más adorable de la Tierra. Una pequeña cucaracha del género *Attaphila* que vive íntimamente asociada a las hormigas cortadoras de hojas de centro y Sudamérica. Las obreras se pasan la jornada en la selva cortando y transportando hojas hasta unas cámaras especializadas de su hormiguero. Sin embargo, estas no constituyen su alimento. La humedad de las cámaras de almacenamiento, junto con unas secreciones bucales muy particulares que producen las obreras favorecen el crecimiento de un hongo sobre el cementerio de hojas. Son unas perfectas agricultoras y el hongo que con tanto esmero han cultivado les sirve de alimento. Pues entre estas pequeñas hormigas es donde encuentra su hogar nuestra cucaracha protagonista.

Varios pececillos de plata mirmecófilos, del género *Neoasterolepisma,* cohabitando con *Messor barbarus* [Alberto Narro].

Las especies del género *Attaphila* imitan el olor de las hormigas para poder mezclarse con ellas y alimentarse, o bien de este hongo, o de los compuestos lipídicos de la cutícula de las hormigas. Pero lo más interesante de estas cucarachas es que son jinetes de hormigas. Dispersarse hacia otros hormigueros puede ser difícil; más si eres incapaz de volar. Sin embargo, para las *Attaphila* esto es pan comido. Son capaces de cabalgar a las nuevas reinas que abandonan la colonia durante sus vuelos nupciales. Mientras se aparean en el aire, las cucarachas las cabalgan, pudiendo llegar a nuevos hormigueros.

LA SEMILLA DE LA DISCORDIA

A veces el engaño se realiza antes nacer. Así lo hace un fásmido endémico de Australia: *Extatosoma tiaratum*. Las hembras de esta especie producen unos huevos que recuerdan a una semilla. De hecho, presentan una estructura recubierta de componentes orgánicos que las hormigas del género *Leptomyrmex* utilizan para alimentarse. Las hormigas recolectan las supuestas «semillas» y las almacenan en sus cámaras. Los huevos se encuentran protegidos, no expuestos a los depredadores, y en unas condiciones idóneas de temperatura y humedad. Las ninfas emergerán y escaparán del hormiguero para pasar el resto de su vida como un fásmido más.

Huevos de *Extatosoma tiaratum* [Volkov Alexey].

Portada de *¿Qué sabemos de las hormigas?*, del especialista José Manuel Vidal.

LA HORMIGA ÚLTIMA

Existen hormigas que crean colonias dentro de otros hormigueros. Otras visitan un hormiguero cualquiera, matan a su reina y ocupan la colonia. En fin, qué voy a decir que no haya contado mi querido amigo José Manuel Vidal en su libro *¿Qué sabemos de las hormigas?* Pero para finalizar quería hablaros de la que fue bautizada como la hormiga última o la hormiga final por dos de los mirmecólogos más reconocidos, Edward O. Wilson y Bert Hölldobler. Durante mucho tiempo su nombre científico fue *Teleutomyrmex schneideri*, aunque ahora es conocida como *Tetramorium inquilinum*. La taxonomía de los artrópodos siempre ha sido extenuante. Muchísimo más que el flagrante batacazo de la *Salvia* y el *Rosmarinus* para los botánicos. Pero este no es el caso, porque sufro los cambios de nombres en silencio. En esta ocasión os presento a la hormiga más sorprendente que hemos tenido la suerte de conocer. Es una hormiga ectoparásita dependiente de otra especie del género *Tetramorium*. ¿Qué tiene de especial?

Este formícido no tiene casta de obreras. Sus castas están formadas por las reinas y los machos reproductores. Las reinas de *T. inquilinum* se introducen en el interior de los hormigueros de sus huéspedes emitiendo una importante cantidad de señales químicas que confunden a las obreras de la colonia que quieren ocupar. Esta reina es incapaz de hacer nada por sí misma. No sabe cuidarse. No puede masticar nada, no es capaz de producir comida para sus larvas y no tiene ningún tipo de protección cuticular adicional. Por lo tanto, cuando se cuela en un hormiguero, localiza a la reina y se ancla a ella. Como una lapa seguirá produciendo señales químicas que invitarán a las obreras de la casa a alimentarla, como si fuese la propia reina. Su propósito es poner huevos que serán cuidados por las obreras, de los que saldrán los machos y las nuevas reinas usurpadoras. Todo el hormiguero estará a sus pies, ayudándola a cuidar la prole que ella no es capaz de mantener.

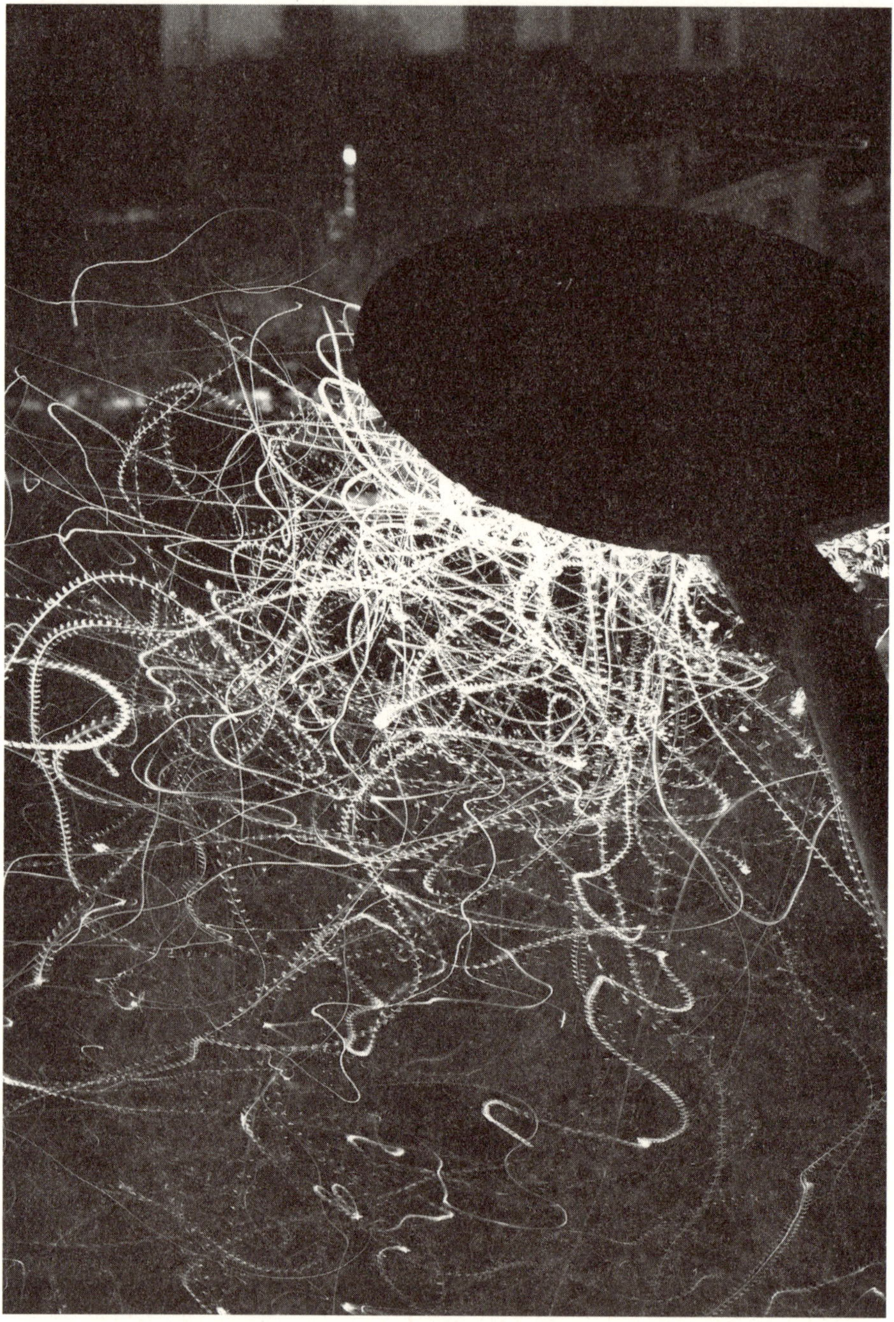

En esta fotografía nocturna se puede apreciar la cantidad de insectos, como las polillas, que pueden acercarse volando a una luz cualquiera en una noche de verano [Luis M. Lafuente].

VI. HOY VA A SER MI GRAN NOCHE

Vivimos en un planeta privilegiado. La posición de la Tierra en el Sistema Solar y sus ciclos de rotación han permitido dividir nuestro tiempo en dos momentos: el día y la noche. Como animales diurnos, tendemos a desarrollar la mayor parte de nuestra actividad durante el día, pero del mismo modo existen animales de hábitos crepusculares o directamente nocturnos. En la más completa oscuridad tienen lugar hazañas que pasan completamente desapercibidas. Antes de empezar a descubrirlas, transportémonos a un punto cercano de la historia previo a la electricidad.

Las personas iluminaban sus casas con velas y candiles, haciendo que el mundo nocturno fuese muy distinto al actual. Los pueblos y ciudades que tenían algún tipo de alumbrado dependían mayoritariamente del gas. De hecho existía el farolero, dedicado a recorrer las calles encendiendo todas las farolas cuando se ponía el sol. Rudimentario pero efectivo. No sería hasta que, en 1879, Edison consiguiese fabricar la primera bombilla eléctrica que produjese luz en base a una incandescencia. Hasta ese momento, la vida nocturna era una suerte de agujero negro salpicado de pequeñas luces que apenas servían para orientarse. Es en este mundo nocturno donde multitud de insectos y otros artrópodos han reinado durante millones de años… hasta hoy.

Seguro que muchos lectores tendrán la imagen en su cabeza de una noche de verano en un jardín. Encender una pequeña lámpara o linterna en medio del campo implica la atracción irremediable de cientos de polillas que, revoloteando, se posan cerca de la fuente de luz. De pequeño me preguntaba: ¿qué tendrá la luz que tanto les atrae? ¿Dónde se enconderán durante el día?

Los lepidópteros, uno de los grupos más diversos de insectos, engloban clásicamente a las mariposas, que vuelan durante el día, y a las polillas, que vuelan durante la noche. Es algo más complejo, pero podemos simplificarlo de esta manera —si te dedicas a los lepidópteros concédeme esta licencia—. Por la noche la visibilidad es peor, y el número de depredadores, por lo tanto, disminuye. Vivir de noche otorga ciertas ventajas. Puedes volar y alimentarte sin que la gran cantidad de competidores diurnos te atosiguen. Pero no todo es perfecto.

La gran mayoría de polillas tienen vidas adultas extraordinariamente cortas. Hay especies que solo vuelan durante 24 horas. En ese breve tiempo deben llevar a cabo una misión

Existe una gran diversidad de polillas con formas, tamaños, colores y patrones muy diferentes [B.illustrations].

muy importante: encontrar pareja y reproducirse. Todo está oscuro; pero, mientras vuelan en la más completa oscuridad, encuentra una luz que seguir, la luz de la luna. Las polillas, así como otros muchos insectos, vuelan en la noche guiados por la luz de la luna que se filtra entre la vegetación. Vuelan en dirección a esa luz, porque durante millones de años de evolución todos sus congéneres lo han hecho, y si todos vuelan hacia el mismo lugar acabarán encontrándose.

Esta no es la única forma de localizarse. La gran mayoría de hembras de polilla también emiten feromonas que se dispersan en el aire y que son seguidas por los machos, con ayuda de sus antenas plumosas, entre otros órganos, en una auténtica orquesta sinfónica de compuestos químicos.

Existen más de cien mil especies de polillas completamente nocturnas que utilizan nuestro satélite para orientarse. La estrategia ha sido un éxito. Pero desde que empezamos a incorporar la luz para alumbrar nuestras noches hemos estado entorpeciendo el baile nocturno de miles de especies de polillas. Cuando vives en un mundo en el que la única luz nocturna procede de la luna, cualquier otra luz es una distracción para la misión reproductiva.

Un primer plano de un macho de *Lymantria dispar*, mostrando las características antenas plumosas para captar las feromonas emitidas por las hembras [Pedro Luna].

Esa es la razón por la que te veías obligado a apagar ese farolillo de tu jardín cuando estabas tranquilamente disfrutando de una noche de verano después de una agradable barbacoa. Todas las polillas, insectos y artrópodos nocturnos llegaron hasta allí creyendo que perseguían la luna.

La contaminación lumínica hace que las polillas no puedan encontrar pareja. La evolución les ha permitido viajar por un mundo de oscuridad siguiendo la única fuente de luz que existía, pero ya no es posible. Quizás aún existan muchas regiones sin iluminar, pero en la mayor parte del mundo numerosas polillas están cambiando sus patrones de vuelo, e incluso desapareciendo debido a que ya no hay un único camino que seguir para copular.

Las tortugas marinas, al nacer en la nocturnidad de las playas, se guían por el reflejo de la luna sobre el mar, corren por la arena para sumergirse en el agua y comienzan a nadar. Sin embargo, muchas de ellas confunden la luz de la luna y la luz artificial de las ciudades; en lugar de correr hacia el mar corren hacia la ciudad donde perecen. A muchas polillas les sucede lo mismo. ¿Cuántas especies desaparecerán antes de que lleguemos a conocerlas?

Los escorpiones son arácnidos muy conocidos y estudiados que levantan la repulsión y el miedo de muchas personas, pero en su gran mayoría son inofensivos para el ser humano [Mekong on tour].

EL OJO DE SAURON

Volar guiado por la luz que la luna refleja es solo una manera de orientarse en la noche. Existen muchos artrópodos incapaces de volar, y que, sin embargo, también han elegido desarrollar toda su vida en la oscuridad. Algunos tienen un sentido del oído muy agudo, o un gran desarrollo del olfato. Pero, ¿qué puedes hacer cuando ni hueles ni oyes bien? Cuando no hay nada de luz, la vista se convierte en uno de los sentidos menos útiles para moverte. Pero, ¿y si te iluminas a ti mismo? Hemos fabricado linternas para conseguir que la luz nos acompañe en una caminata nocturna. Quizás no nos permitan iluminar todo, pero sí nuestro entorno más cercano. Así nos orientamos y podemos saber por dónde caminar, evitando obstáculos y peligros. Pues esto es lo que han hecho muchos artrópodos que viven en la oscuridad.

La diosa de la mitología egipcia Serket es deificada como un escorpión. Protegía a los fieles de las picaduras de los infames moradores del desierto: las serpientes y los propios escorpiones. Los escorpiones nos aterran y fascinan a partes iguales, aunque la práctica totalidad de especies son venenosas, solo un pequeño porcentaje son relamente peligrosos para nosotros.

Estos arácnidos son eminentemente nocturnos, viven en la gran mayoría de regiones del hemisferio sur y parte del norte. Pueden aparecer en casi todos los ecosistemas. No solo viven en los desiertos, también pueblan selvas, bosques y regiones de matorral. No cuentan con el mejor olfato ni oído ni gozan de una vista especialmente aguda; sin embargo pasan las horas de más luz completamente escondidos. Una vez se pone el sol, la noche reclama lo que es suyo y los lacayos de la oscuridad, los escorpiones, salen de caza. Este es su momento para ¡brillar! Muchos escorpiones se caracterizan por tener en su exoesqueleto sustancias químicas (con nombres extraordinariamente complejos) fluorescentes.

La fluorescencia es un tipo muy especial de luminiscencia en el que los animales absorben energía de las radiaciones de una longitud de onda y la devuelven en forma de radiación de otra longitud de onda. Si tienes escorpiones cerca, sal una noche con una linterna de luz ultravioleta e ilumina el campo completamente oscuro. Quizás te sorprendas al ver cómo los escorpiones brillan con un color azul intenso. Este es uno de las métodos que utilizan para localizarlos quienes los estudian, los aracnólogos. Ahora bien, ¿de qué les sirve brillar? No lo hacen en una frecuencia que nosotros seamos capaces de percibir, dado que está fuera de nuestro espectro visible. Sin embargo, una de las principales radiaciones que reflejan es similar a la luz que la luna refleja hacia la tierra. Brillan en un espectro lumínico que, aunque invisible para nosotros, es visible para ellos.

Foto de un escorpión ibérico del género *Buthus* con iluminación natural (arriba) y con iluminación nocturna ultravioleta (abajo). Dado que el sustrato no refleja la luz ultravioleta, en la segunda foto se ve completamente oscuro [Alberto Narro].

Son muchas las hipótesis que aún hoy se siguen barajando para explicar este fenómeno. Hay quien dice que les sirve para ahuyentar a los parásitos. Otras hipótesis hablan de que esto es un carácter remanente que desarrollaron muchos animales que salieron del océano para protegerse de la radiación solar. Pero hay otra hipótesis muy interesante. ¿Y si los escorpiones son como un enorme «Ojo de Sauron» que todo lo ve? Los escorpiones desarrollan su ciclo vital durante la noche. Para muchas de sus presas y depredadores son completamente invisibles en la oscuridad de la noche, pero sus aparatos oculares están especializados en ver en la longitud de onda que emiten por su exoesqueleto al reflejar esta luz. Son como un candelero que se mueve por el suelo, silencioso, en busca de presas a las que paralizar con su veneno y llevarse a la boca ayudándose de sus pinzas.

También podría ser una estrategia fenomenal para localizar pareja. Quizás los escorpiones no puedan salir volando, pero si son capaces de verse a sí mismos en la oscuridad del suelo, no lo necesitarán. Las hipótesis más extravagantes defienden que los escorpiones son capaces de hacerse visibles o invisibles en función de que estén iluminados o no.

Aquellos individuos que quieren pasar desapercibidos percibirán su propia radiación y se moverán por zonas en las que no llega la luz de la luna, «apagándose». Otros quizás quieran localizar a otros congéneres o cazar, y se «encienden» para ser visibles en el entorno. Como estrategia parece sorprendente. Aún no están desentrañados los misterios del porqué los escorpiones poseen esta fluorescencia. Cuando miramos a la inmensidad durante la noche, quizás no veamos nada; pero son muchos los organismos que ahí habitan y utilizan estas señales del mundo oscuro.

Existen otros seres aún más fascinantes que han llevado al extremo el aprovechamiento de la luz. Son un conjunto muy especial de insectos que se caracterizan por ser bioluminiscentes. ¡Espera! ¿Es eso diferente a ser fluorescente? Pues sí, es muy diferente.

Un organismo bioluminiscente es aquel capaz de producir su propia luz gracias a una reacción bioquímica. En otras palabras, una parte de su cuerpo es una linterna que se enciende o apaga según sus necesidades. La producción de luz se realiza de una forma sencilla. Una molécula denominada «luciferina» reacciona con el oxígeno, gracias a una enzima llamada «luciferasa» produciendo, entre otros productos, luz. Es decir, es una forma de transformar la energía química en energía lumínica. ¡Y pensábamos que fuimos nosotros los que habíamos inventado la luz artificial! Los insectos y otros muchos organismos como crustáceos, moluscos, peces o medusas llevan haciéndolo durante millones de años. Y es que producir luz puede ser muy útil, al menos si vives de noche.

Un macho de luciérnaga se dispone a levantar el vuelo. Se observa, en los últimos segmentos del abdomen, el órgano encargado de producir luz [Khlungcenter].

El ejemplo más conocido es el de las luciérnagas. Son escarabajos pertenecientes a la familia de los lampíridos, que engloba en torno a las dos mil especies. La gran mayoría de ellas realizan cortejos reproductivos extraordinariamente complejos. Los machos y las hembras danzan a la luz de la luna. Intercambian destellos de luz gracias a un órgano que suelen tener en la parte ventral de su abdomen. Cada especie titila de una forma concreta, como una estrella más en el firmamento. Y así se reconocen. Las hay que tienen una luz constante mientras otras parpadean. Las hay que generan dos o tres parpadeos o que producen una frecuencia ininterrumpida de destellos. Gracias a esta emisión de luz, hembras y machos se encuentran en la oscuridad de la noche y se preparan para dar lugar a la siguiente generación.

Las larvas de luciérnagas no suelen producir luz —aunque hay especies que sí—. Viven entre la vegetación alimentándose de caracoles, a los que persiguen, paralizan con un fluido digestivo y devoran desde el interior de su cáscara. Es curioso que un organismo tan poético tenga una larva tan terrorífica, ¿no?

Al ser unos insectos tan atractivos nos preguntamos dónde han ido a parar nuestras luciérnagas infantiles. Entre otros factores de declive, machos y hembras de luciérnaga intentan bailar con los farolillos de los jardines o las farolas de las calles. Tratando de seducir a un objeto inanimado del que nunca obtienen respuesta. Quizás llegue un momento que esas estrellas en la tierra se apaguen. Mientras tanto, tenemos que hacer todo lo posible por cuidar y por poder disfrutar de su danza titilante en la oscuridad.

¿Son las luciérnagas los únicos insectos bioluminiscentes?, no; pero el resto de organismos que disfrutan esta capacidad son mucho más desconocidos. Existen unos escarabajos del género *Pyrophorus* que pueblan los bosques tropicales de la región sudamericana. Pertenecen a la familia de los elatéridos, denominados comúnmente «escarabajos clic». Esto es debido a que poseen una espina en su parte ventral que, cuando se sienten amenazados, puede generar un chasquido que les hace saltar por los aires y caer mucho más allá, lejos de sus depredadores. Es curioso como salen volando

Un escarabajo del género *Pyrophorus* mostrando el característico par de órganos bioluminiscentes a ambos lados de su pronoto [Dr Morley Read].

haciendo auténticas piruetas dignas de un campeón olímpico de salto de trampolín. Además de este peculiar mecanismo, los escarabajos *Pyrophorus* presentan dos órganos bioluminiscentes a ambos lados del pronoto, justo detrás de la cabeza. Sin embargo, estos simpáticos escarabajos no utilizan la luz para reproducirse, sino como amenaza.

Muchos producen toxinas, y son ligeramente venenosos, por lo que con la luz están advirtiendo a sus posibles depredadores. Son también conocidos como «cocuyos» en Argentina y otros países cercanos, y han sido usados por los indígenas para iluminar su entorno. Se recogían varios y se metían en unas jaulas trenzadas con materia vegetal actuando como una linterna natural. Una buena forma de aprovechar aquello que los insectos inventaron mucho antes que nosotros.

LA TRAMPA DE LA LUZ

La luz que generan las luciérnagas y los cocuyos tiende a ser de un color verde amarillento, el típico de la luz de la gran mayoría de organismos bioluminiscentes. Sin embargo, existen otros que producen otros tipos de luz. Hablo de muchas especies de la familia de los fengódidos (Phengodidae), como los del género *Phrixothrix,* que habitan Norteamérica. Las larvas son conocidas comúnmente como «gusanos ferrocarril». No se han conformado con tener un único o un par de órganos bioluminiscentes, sino que poseen un par en casi todos los segmentos de su cuerpo. De forma que, cuando los encienden, parecen las ventanas iluminadas de un tren que circula por una vía, durante la noche, de ahí su nombre.

Estas luces que las larvas son capaces de encender y apagar con total naturalidad están avisando al resto de organismos nocturnos de que no tienen buen sabor, e intentan persuadir a posibles enemigos para que no se los coman. Pero lo más interesante es su estrategia de caza y su singular capacidad de producir un tipo de luz muy especial. Estos escarabajos poseen un órgano bioluminiscente extra en la cabeza que es capaz de generar luz roja —es uno de los pocos organismos capaces de producir esta luz—. Normalmente la larva camina por el bosque con todas sus luces encendidas. Circula sin descanso, recorriendo las vías de la naturaleza. Rebusca entre la hojarasca y las ramas a sus posibles presas. Y, cuando las localizan, es el momento de tomar una decisión. Haciendo alusión al mítico pasaje de *Asesinato en el Orient Express,* apaga todas sus luces y enciende una única luz en su cabeza, la de color rojo, como si fuese la de emergencia. ¿Para qué? ¿Sabías que la mayoría de los artrópodos son

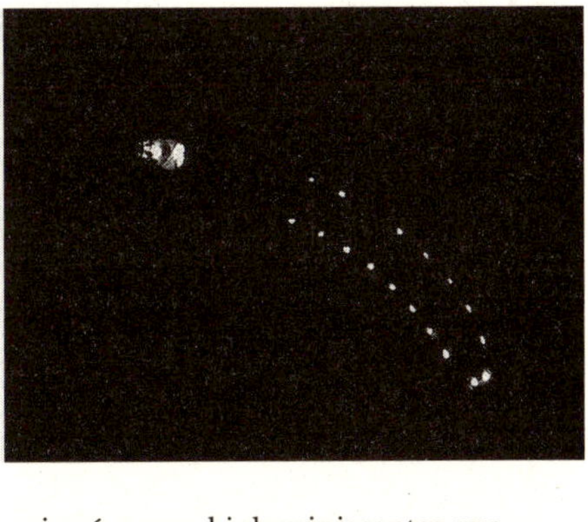

Los gusanos ferrocarril presentan varios órganos bioluminiscentes que son capaces de encender y apagar a voluntad [Aaron Pomerantz].

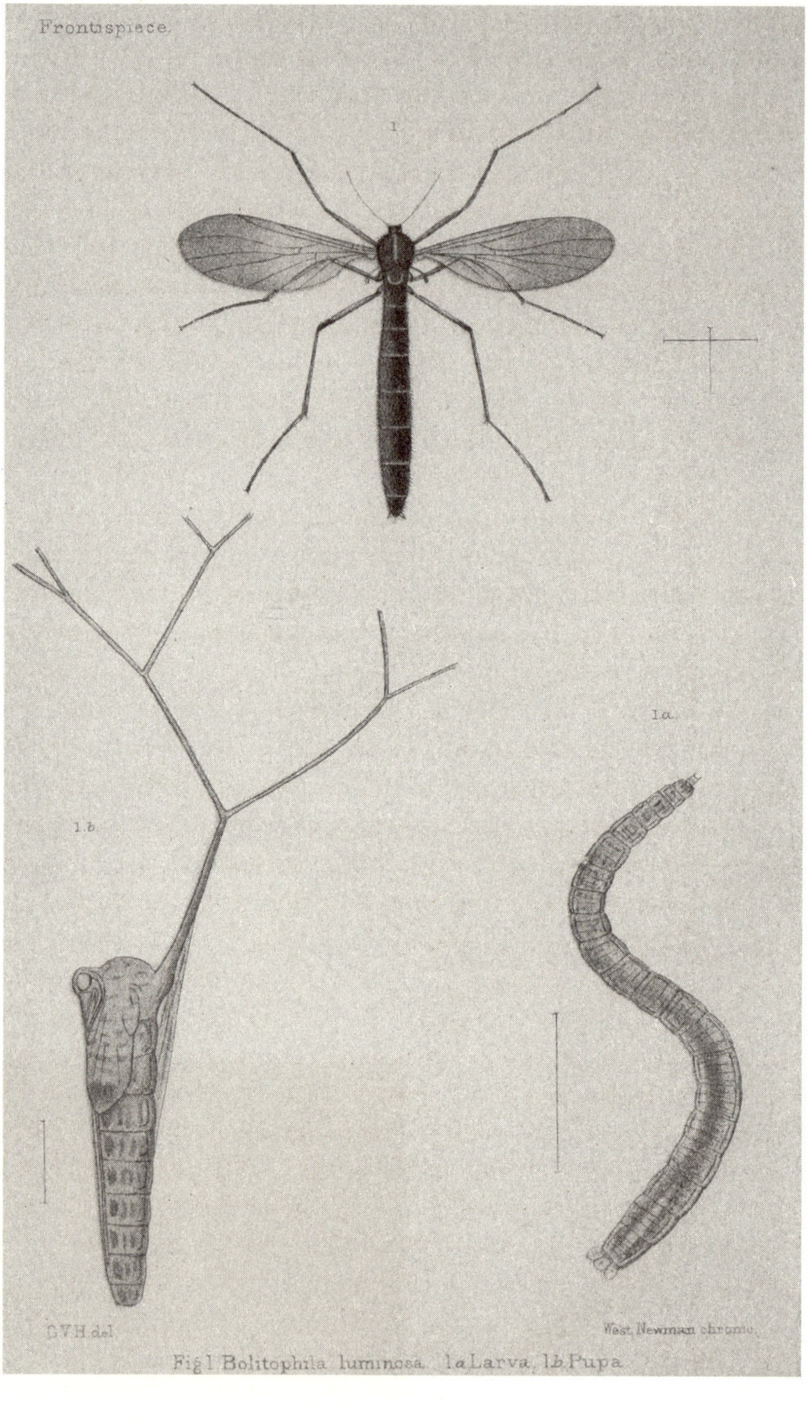

La conocida como luciérnaga de Nueva Zelanda, *Arachnocampa luminosa*, es en realidad un mosquito. Esta especie entraña un brillante secreto.

incapaces de percibir la luz roja? Son completamente ciegos a ella, cosa que a los fengódidos no les sucede, pues son capaces de ver dicha luz. Con esa bombilla roja ven su entorno en la más completa oscuridad y se acercan a su presa, para la que son completamente invisibles. La persiguen sin rendirse hasta que la apresan y la devoran, mientras apagan ese foco de caza y encienden de nuevo todas las luces del tren. Una vez devorada, este singular ferrocarril seguirá circulando entre la hojarasca del bosque, haciendo brillar sus luces. ¿Os parece interesante?, pues todavía hay una historia aun más bizarra.

Uno de nuestros últimos protagonistas habita en una oscuridad perpetua. En las cámaras de las cuevas de Nueva Zelanda vive la «luciérnaga de Nueva Zelanda» *Arachnocampa luminosa*. Pero este insecto no es una luciérnaga de verdad, se trata de un díptero, concretamente uno relacionado con los mosquitos de la familia de los keroplátidos (Keroplatidae). Las larvas de estos dípteros viven en la entrada de las cuevas, en el techo para ser exactos. Tejen pequeños hilos de seda que dejan colgando. Posteriormente, producen pequeñas gotas de pegamento que van pegando a los hilos a intervalos regulares, como si fuese un collar de perlas. Ya solo queda un ingrediente para este cóctel molotov. La luz. Las larvas de *Arachnocampa luminosa* producen una luz verdeazulada desde el techo de la caverna. Esta luz se transmite por todas las gotículas de pegamento colgadas, como si fuesen pequeñas gotas de rocío atrapadas en las briznas de hierba por la mañana. Y así, en la oscuridad de la cueva, podemos ver una suerte de cielo salpicado de estrellas.

Los insectos nocturnos que se guían por la luz de la luna se verán encandilados por esta luz y volarán hacia ella, penetrando en la cueva y cayendo en la trampa de este pequeño insecto. Las presas se quedan enredadas en los hilos pegajosos, sellando su destino. La vibración se transmite por el sistema y la larva, brillante, corre hacia el hilo que ha atrapado a la presa que acaba devorada. Finalmente, la larva de *Arachnocampa luminosa* generará un nuevo hilo que rellena con pegamento y volverá a esperar paciente hasta que la próxima

Combinando hilos de seda con gotas pegajosas y la producción de luz, *A. luminosa* tiene una de las tácticas de caza más sofisticadas del mundo artrópodo [Gary Yim].

presa sea atraída por su luz. Un ejemplo de lo complejo que puede ser el comportamiento de muchos insectos para aprovechar los recursos que hay en la naturaleza.

Llegados a este punto podrías concluir que «la noche es oscura y alberga horrores», pero también contiene auténticas maravillas que han sabido aprovechar este período de máxima oscuridad. Desde utilizar la luz para orientarse o reflejarla para ver, hasta producir su propia luz para bailar, cazar o disuadir a sus depredadores. Cuántas historias más sucederán entre los densos hilos de la noche que nos quedan por contar. Y cuántas historias más sucederán que aún estamos lejos de conocer. Como dijo Albus Dumbledore «La felicidad se puede encontrar hasta en los más oscuros momentos, si somos capaces de usar bien la luz». Desde luego, muchos de estos artrópodos han sabido encontrar la felicidad, porque sin duda, saben usar muy bien la luz.

VII. VIVIENDO CON NOSOTROS

John H. Payne escribía en 1823 la letra de una pieza de la ópera *Clari, or the Maid of Milan* con Henry Bishop como compositor musical. Una de sus estrofas calaría hondo en nuestro imaginario: «¡Hogar, dulce hogar!». Según el *Diccionario de la lengua española*, «hogar» no solo significa «el sitio donde se hace la lumbre en las cocinas o chimeneas», sino que también significa «casa»; es decir, el lugar en que «habitamos». Tras un cansado día de trabajo, llegas a casa, te pones ropa cómoda y te echas en el sofá. Después de cenar y leer un buen libro, decides irte a dormir. Pero al encender la luz del baño para realizar una parada rutinaria descubres un diminuto ser que reposa en el suelo. Generalmente la sorpresa sigue al asco, y antes de que puedas reaccionar el intruso se ha escondido. Esto lo has podido experimentar en distintas estancias de tu casa. Cuando pensamos en nuestro hogar tendemos a pensar que solo lo habita nuestra familia. Podemos aumentar el número de integrantes si incluimos a nuestras apasionantes compañeras las plantas, cuyas historias ya nos ha contado Rosa Porcel en *Eso no estaba en mi libro de Botánica*. Pero, ¿y si te dijera que muchos otros organismos consideran su «hogar» nuestro hogar? En casa viven individuos de distintas especies y suelen pasar completamente desapercibidos. Aunque vivas solo, siempre compartes piso.

Vivir en la naturaleza es complicado. Estás sometido a las inclemencias del tiempo. Huyes constantemente de los depredadores y debes ser ingenioso para encontrar el alimento. Cuando la humanidad pasó de ser nómada a sedentaria, a los artrópodos no les pasó desapercibido. El tránsito a la sociedad agrícola y ganadera trajo consigo las viviendas permanentes. Hábitats con un clima estable, una temperatura y humedad relativamente constantes, sin apenas depredadores ni competidores y con muchos recursos que explotar. En este capítulo hablaremos de todos aquellos que fueron pioneros, y que también vinieron a vivir con nosotros cuando decidimos ponerle paredes a la naturaleza.

Clogmia albipunctata. Los psicódidos son mosquitos con una morfología muy peculiar que muchos nos hemos encontrado en las estancias más húmedas de nuestra casa [Eric Isselee].

LIMPIANDO SIN COBRAR: TUS COMPAÑEROS DE PISO

Son numerosos los estudios que han tratado de arrojar luz acerca de la biodiversidad de artrópodos de un único hogar. Y miles son las especies de artrópodos que han encontrado un ecosistema perfecto entre las estancias de nuestra morada. Existen muchos animales que entran por error en ellas, pero otros pasan toda su vida ahí. Seguro que has visto alguna vez una especie de pequeña «mariposa» negra con forma de corazón en estancias húmedas como los baños. Son conocidos como psicódidos (Psycodidae) y curiosamente son dípteros: un tipo de mosquito no picador. Una de las especies más ampliamente distribuidas es *Clogmia albipunctata*.

Las hembras vuelan buscando un sitio umbrío y húmedo donde se acumule materia orgánica. Por ejemplo, cañerías o desagües en los que crecen microalgas debido al exceso de humedad. Sus larvas son prácticamente transparentes y nos ayudan a limpiar de forma rápida y sencilla aquello que nosotros ni siquiera vemos. Un desatascador natural que trabaja todo el día sin cobrarte un céntimo. De hecho, pasan tan inadvertidas que solo nos percatamos de su presencia cuando vemos a un adulto posado en los azulejos de la pared de la ducha. Pero siempre han estado ahí.

Estos mosquitos no son los únicos que contribuyen a limpiar nuestra casa. Ciertos coleópteros cosmopolitas muy coloreados de la familia de los derméstidos también lo hacen. Estos pequeños escarabajos se arremolinan en torno a los alféizares de las ventanas para entrar en nuestras moradas. Muchas especies son antropófilas y depositan sus huevos en alfombras, cortinas o la ropa que menos usamos. Las larvas pueden alimentarse de las fibras vegetales de las telas, pero prefieren explotar otros recursos alimenticios que encuentran en abundancia: pelos, uñas, hilos, partículas de polvo, insectos muertos o restos de comida humana. Por mucho que tengamos limpia la casa siempre habrá pequeños rastros tras la nevera, bajo el armario o en aquel recoveco donde no llega la roomba.

Los derméstidos, aunque pasan desapercibidos, pueden encontrarse entre las telas o alfombras de nuestra casa, alimentándose de todo tipo de restos [Tomasz Klejdysz].

Irónicamente, los derméstidos son los enemigos más peligrosos de las colecciones entomológicas. Si los adultos logran colarse en las cajas, son capaces de reducir todas las muestras a polvo en cuestión de semanas o meses [Wasilisa].

Todos estos rastros acaban guiando a los derméstidos y a otros animales como *las miguitas de pan* que Hansel y Gretel dejaron para encontrar su casa. Y es que en nuestras viviendas encuentran una fuente de alimento casi inagotable. Cuando las larvas pupan, los adultos buscan las ventanas para así echar a volar y colonizar otras casas como el equivalente a *otros ecosistemas.* No obstante, siempre ha existido preocupación acerca de la infestaciones de derméstidos. En nuestras casas no suele ser habitual, y rara es la vez que apreciamos daños importantes, por ejemplo, en nuestra ropa.

Ahora bien, estos seres tienen un enemigo ancestral por excelencia: los conservadores de museos y de colecciones entomológicas. En los hábitats naturales muchos derméstidos viven en cadáveres o se alimentan de restos de otros animales. Es por eso por lo que cuando se detecta una plaga de derméstidos en una exposición de animales disecados o en una colección entomológica, cunde el pánico. Entre miles de ejemplares conservados en vitrinas y cajas existe una pequeña flaqueza del sistema de protección que es aprovechada por estos seres que acaban colándose en los más recónditos escondrijos para poner sus huevos. Las larvas son capaces de reducir a polvo casi cualquier cadáver, independientemente del tiempo que lleve muerto. Como consejo, nunca oses mencionar a estos bichos ante los conservadores, no querrás ver como el pánico se refleja en sus ojos.

LOS SIBARITAS DEL TÉ

Los organismos más odiados de nuestro hogar son aquellos que pueden acabar causando plagas. Son muchas las polillas de la familia de los pirálidos que pueden causar estragos en nuestros alimentos. Por ejemplo, la que se conoce como la polilla de la harina *Ephestia kuehniella* o la polilla bandeada *Plodia interpunctella,* entre otras. Son capaces de localizar y penetrar en las bolsas de alimentos mal selladas que contengan pan, trigo, cereales, avena o harina, frutos secos o chocolate para poner sus huevos. En un instante se genera el caos.

Existen multitud de especies de pequeñas polillas que pueden causar estragos en nuestros productos almacenados [Tomasz Klejdysz].

Da igual que las polillas perezcan, la infestación ha comenzado. Las larvas son muy crípticas y viven alimentándose del producto almacenado. Solo se las vuelve a detectar cuando pupan y emergen los nuevos adultos. Cuando procedemos a abrir la bolsa que tanto tiempo lleva cerrada para usar su contenido descubrimos una lluvia de polillas que sale de su interior. Aunque es algo repulsivo, no echan a perder los productos. Congelar los alimentos mata absolutamente a todas las polillas que puedan quedar vivas. Pero evidentemente no es muy agradable utilizar ya esos alimentos con el regalo añadido. La estrategia última será la prevención: a buena bolsa cerrada, pocas polillas podrán entrar.

La polilla de la harina no es la única plaga de los alimentos que merece la pena mencionar. Recuerdo una vez que mi compañera de piso me comentó que tenía bolsitas de manzanilla y té en un tarro de cristal exclusivamente para los invitados. Ese recipiente estuvo en nuestra casa durante un año, y pasó mucho tiempo sin que se abriese. Pero llegó el día. Una fugaz visita nos pidió un té. Cuál fue nuestra sorpresa de encontrarnos el bote lleno de pequeños escarabajos marrones diminutos pululando en su interior. Eran como una sociedad en miniatura. Muchas de las bolsas estaban perforadas y los escarabajos entraban y salían de estas a su antojo. Son los conocidos escarabajos del género *Lasioderma* de la familia de los ptínidos (Ptinidae), que también incluye a la archiconocida y odiada carcoma del pan *Stegobium paniceum.*

Estos escarabajos diminutos son auténticos Houdini de los botes de cristal herméticamente cerrados. Aún sigo planteándome seriamente como fueron capaces de colonizar el nuestro. Son tan diminutos que la más pequeña entrada es suficiente. Con solo 20 o 30 bolsas de té estos milimétricos insectos tienen alimento para años. Un tarro de cristal de apenas un cuarto de litro se había convertido en todo un ecosistema sin depredadores, con exceso de alimento y con muchos de su especie con los que poder emparajarse.

Me imagino a los coleópteros como unos amantes del té. Un día preferían tomar un poco de té rojo, otro té de jengibre, el fin de semana una manzanilla y luego, esencia de lavanda. Realmente son unos auténticos sibaritas de las hierbas aromáticas. No os mentiré, el tarro sigue en mi casa, herméticamente cerrado. ¿Quién soy yo para quitarles el hogar que, con tanta sabiduría, han sabido ocupar? Ahora viven ahí y yo, amablemente lo he aceptado. Para saciar tu curiosidad, ese día decidimos no servir té, y en su lugar le ofrecimos zumo de naranja —sin insectos—; aunque dicen que son el alimento del futuro…

Los ptínidos son auténticos magos, capaces de introducirse en los botes mejor cerrados para dar cuenta de nuestros alimentos. Son tan pequeños que verlos es extremadamente complicado [Tomasz Klejdysz].

Un día puse una lista de reproducción automática en Spotify. Entre canciones de Muse, Miss Cafeína, Saurom y otros intérpretes, apareció de repente una canción titulada *Chinches* de Amatria. Por favor, me gustaría que hicieseis un parón justo aquí y buscaseis esa canción. Escúchala y, sobre todo, fíjate en la letra. A mí me sorprendió escuchar una canción dedicada a uno de los más odiados y repulsivos habitantes de nuestro hogar: las famosas y archiconocidas chinches de las camas *Cimex lectularius.* Estas son hemípteros de la familia de los cimícidos (Cimicidae) caracterizadas por vivir en colchones, sofás, sillones o demás mobiliario con cojines. Lo más peculiar es su específica alimentación cual conde Drácula: sangre. Pueden alimentarse de muchos mamíferos, pero han sabido encontrar en nuestras casas un sitio donde obtener dicho recurso alimenticio de forma infinita. En el campo tienes que estar en el lugar apropiado y en el momento adecuado para coincidir con un animal al que robarle la sangre. Pero en una casa, tu plato principal vuelve a la cama absolutamente todos los días… a menos que le toque dormir en el sofá. Estas chinches pueden producir unas dolorosas picaduras, transmitir enfermedades y obligarnos a cambiar enteramente el mobiliario en caso de una infestación. Son terroríficas.

Cimex lectularius. Uno de los insectos más odiados son las chinches de la cama, que pueden causar auténticos estragos en nuestro cuerpo en una única noche [Jay Ondreicka].

Pero si debemos destacar una curiosidad es su peculiar forma reproductiva. Se conoce como «inseminación traumática». Los machos, cuando tienen que fecundar a las hembras pueden introducir su aparato genital en el de la hembra. O, hacer otra cosa: introducirlo en donde les apetezca. Es decir, los machos perforan a la hembra en cualquier parte de su cuerpo. Son capaces de introducirles el aparato genital en el abdomen, en el dorso o en la cabeza para así inocular su esperma dentro de la hembra. Esta puede acabar perforada por varios machos como un colador. Luego busca un sitio donde poner los huevos que darán lugar a la nueva generación de vampiros que seguirán picando a su hospedador. Entiendo que Amatria no haya introducido este peculiar concepto en su canción.

¿Qué me decís de las cucarachas? A estas sí que las ha inventado el mismísimo diablo. Son capaces comprimirse para colarse por cualquier recoveco y hacen un ruido que nos pone los pelos de punta. Entran en nuestras viviendas volando o por los agujeros más insospechados. Tengo una amiga que incluso me comentó preocupada como salían del extractor de su vitrocerámica. Lo que está claro es que las cucarachas no son un animal que levante pasiones en nuestra sociedad.

El término científico que las engloba hoy a ellas y a las termitas es: blatodeos. La gran mayoría de especies son silvestres, y pasan completamente desapercibidas. Solo el 1% se consideran sinantrópicas y viven en ciudades y pueblos, en el alcantarillado o los vertederos. Muchas nos han usado como títeres para dispersarse por el mundo entero gracias a barcos, automóviles y aviones. La globalización ha propiciado que algunas especies pertenezcan al mundo, y el mundo les pertenezca a ellas. Una de las más conocidas es la *Periplaneta americana.* Aunque su nombre científico alude a América es realmente de origen africano. Cuando se describió hace más de trescientos años se hizo con material americano. ¿Cuánto tiempo lleva esta especie danzando por todo el globo terráneo? La respuesta corta es «¡Mucho!» y la larga la tenéis en la fantástica *Historia de las especies invasoras* de Ángel León Panal. Esta y muchas otras especies como la cucaracha aus-

Periplaneta americana es una de las cucarachas más ampliamente distribuida que trae de cabeza a los controladores de plagas de muchas ciudades del mundo [Protasov AN].

traliana *Periplaneta australasiae,* la cucaracha rubia *Blatella germanica,* la cucaracha negra *Blatta orientalis* o la cucaracha de Turkestán *Shelfordella lateralis* han ido siendo distribuidas pasiva e inconscientemente por toda la Tierra y trazar su distribución geográfica original es una tarea titánica solo apta para los más deseosos de buscar respuestas.

Muchas se han convertido en algunos de los animales más odiados que viven entre nosotros. Las cucarachas son omnívoras y oportunistas. Se alimentan de la materia en descomposición que encuentran entre la basura y son potenciales transmisoras de enfermedades, así como excelentes indicadores de una deficiente salud ambiental. Se ha dicho que, ante una catástrofe nuclear, los únicos animales que sobrevivirían serían las cucarachas. Esto pertenece al mundo de los mitos que podemos encontrar circulando por la red. Lo que está demostrado es que muchas de estas *simpáticas* especies son capaces de resistir dosis de radiación hasta diez veces mayor de las que soportamos los seres humanos. No serían capaces de resistir dosis altísimas, pero sí *rems* (unidad utilizada para medir la radiactividad) que nos matarían a nosotros en apenas diez minutos.

El secreto está probablemente en la lenta división de sus células. Las células expuestas a dosis altas de radiación son más propensas a mutar y transmitir esas alteraciones, en el caso de que sean negativas, a las células hija. Las células humanas se dividen a un ritmo constante y, digamos, rápido durante toda la vida. En las cucarachas los ciclos celulares tienden a ser más lentos. Esto contrarrestaría parcialmente el efecto negativo de las radiaciones, porque se necesitaría muchísimo más tiempo para acumular problemas serios que se pudiesen notar en las sociedades de cucarachas. Si a esto le sumamos su resistencia intrínseca y el resto de sus atributos, tenemos a un ser que se nos antojaría indestructible.

Si hubiese una catástrofe nuclear de dimensiones épicas y colosales, no parece que pudiesen salvarse con la facilidad con la que se suele atestiguar. Y si así fuese, tal vez en el futuro veamos una sociedad dominada por las cucarachas. Lo que está claro es que estos seres forman parte de nuestra vida y van a seguir formando parte de ella durante mucho tiempo más.

UN DOMÉSTICO ASESINO EN SERIE

Las casas han sido colonizadas por hormigas que vete a saber dónde tenían el hormiguero, pero que robaban migas de pan, granos de arroz, pipas y pedacitos de fruta. No será por la cantidad de moscas que se cuelan en nuestro hogar. Seguro que si has tardado muchísimo tiempo en bajar tu bolsa de basura de restos orgánicos ha acabado apareciendo una plaga de moscas de la fruta del género *Drosophila.* Todo está repleto de ácaros que con sus excrementos nos causan una de las alergias más comunes del ser humano: la alergia al polvo. He visto colémbolos, garrapatas e incluso grillos. A veces veo hasta cochinillas de la humedad que huyen de la luz, y que temen que las expulsemos de «nuestra» morada por ser «bichos». Pero si estamos hablando de las casas como un hogar, hablemos de ellas como un auténtico ecosistema.

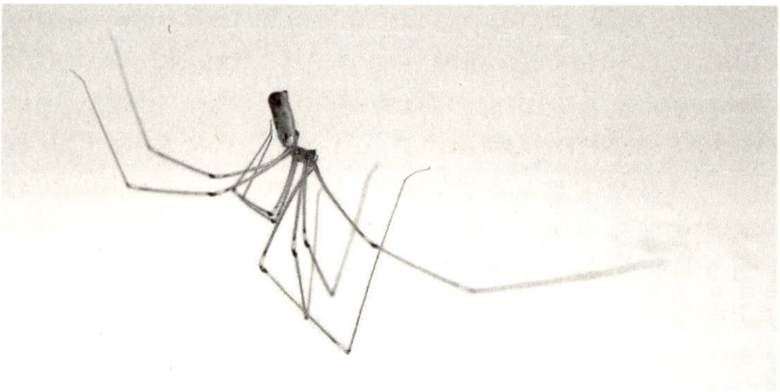

Los fólcidos son arañas comunes en las viviendas humanas. Preparan sus telas en las esquinas del techo o en cualquier otro recoveco donde esperan pacientemente a sus presas [Ronald Wilfred Jansen].

Y, en todos debe existir una regulación de las poblaciones mediante la existencia de depredadores.

En las esquinas del techo las arañas de la familia de los fólcidos (Pholcidae) hacen telas esperando a cazar cualquier pequeño insecto volador que se cuele en la estancia. Querido humano, las arañas de tu hogar tratan de protegerte. Tejen con tesón su red con la intención de eliminar moscas, mosquitos, psocópteros, chinches, cucarachas y cualquier otra presa. Seguro que la «Secreta Sociedad de las Arañas Salvadoras de Humanos» asigna una o más arañas a cada humano para que estas le protejan del resto de seres diabólicos.

Las arañas son uno de los grupos de animales que más aparecen en las casas humanas como depredadores del resto de habitantes. No obstante, existe otro ser silencioso que es más sorprendente si cabe y que merece la pena que conozcáis. Como muchos otros organismos ligados al hombre, se ha extendido por todo el mundo. Es un cazador nocturno que vive detrás de armarios empotrados, relojes de pared y cualquier otro mueble. Quizás está esperando paciente detrás de ese fantástico cuadro de Van Gogh. ¿Alguna vez has sentido un cosquilleo en tu nuca durante la noche? Se trata de un ser que causa auténtico pavor. Hablo de los ciempiés caseros de la familia de los escutigéridos. Uno de los más conocidos y distribuidos es la *Scutigera coleoptrata*.

Cuando estaba sumiéndome en el mundo de la entomología recuerdo que mi tía me llamó preocupada. En un recoveco que quedaba tras un armario colgado sobre el cabecero de la cama asomaba un inmenso ciempiés casero con unos llamativos quince pares de patas de gran longitud. En ese momento no supe qué era y lo descubrí tiempo después. Estos ciempiés tienen unas antenas larguísimas, pero también un último par de patas extraordinariamente largo. Su función es disuasoria: ¿cuál es mi cabeza y cuál es mi trasero? Para muchos potenciales depredadores que podrían tratar de darle caza les haría dudar de hacia dónde dirigir su ataque. Se llama «automimetismo» a la capacidad de ciertos animales para hacer que ciertas partes de su cuerpo parezcan otra parte de su estructura anatómica. Un ataque hacia su cabeza podría ser mortal. Pero si el ataque se dirige hacia la parte final de su cuerpo, hará que este pueda «salir por patas», ileso, a lo sumo perdiendo su último par de extremidades. En las casas, sin embargo, no tienen muchos depredadores, más allá de nosotros mismos. Cuando tratamos de capturarlo para liberarlo este echó a correr y se sumió en el trasfondo oscuro del armario. Evidentemente, no es necesario mencionar que esa noche mi tía no durmió plácidamente.

Los ciempiés caseros tienen un último par de patas desproporcionadamente largo para que los depredadores no puedan distinguir entre la cabeza con antenas o el final del cuerpo [Eric Isselee].

Estos seres son completamente inofensivos para las personas. Más allá de causar pavor no son capaces de hacernos nada. Los ciempiés caseros han sabido adaptarse a las casas y viven en lugares húmedos y oscuros, dado que odian la luz. De noche salen a cazar todos los insectos y artrópodos que normalmente no vemos. ¿Todos los seres que hemos mencionado hasta aquí? Presas de los ciempiés caseros. Gracias a ellos no tenemos poblaciones desmedidas de polillas, escarabajos, mosquitos o moscas. Son extraordinariamente rápidos y poseen unas forcípulas conectadas a glándulas de veneno con las que apresan y paralizan a las presas que finalmente se comen. Gracias a ellos el mosquito que se coló esta noche en casa no va a picarte. Ahora bien, son también tremendamente miedosos. Y cuando nos ven, lo primero que hacen es huir. Por eso cuesta tanto verlos, pero están ahí.

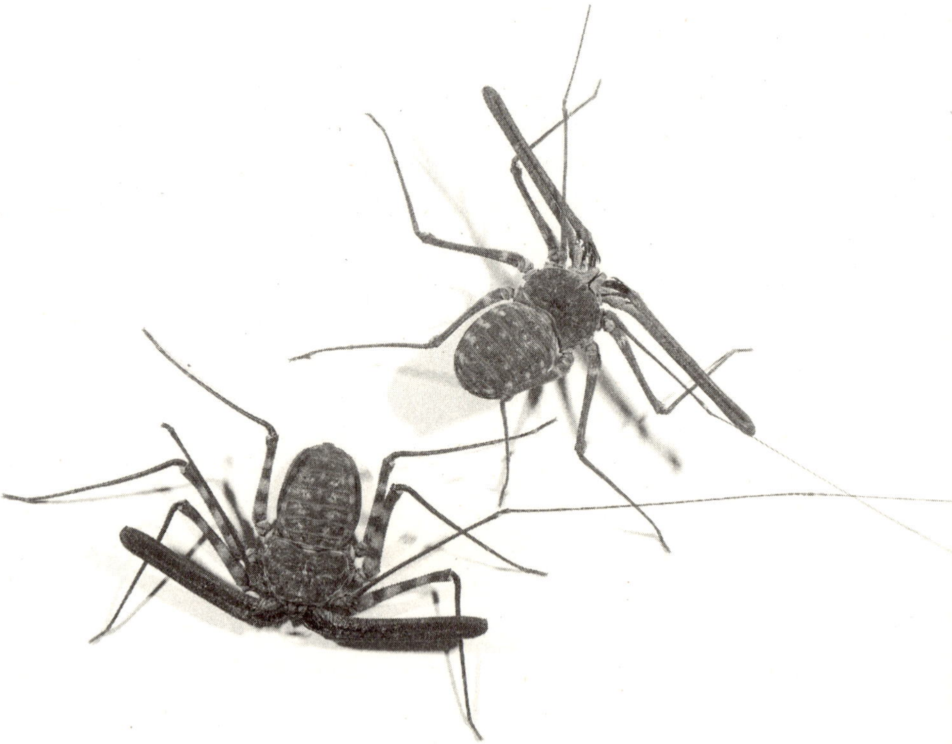

Los amblipigios son arácnidos poco diversos que presentan una morfología adaptada para capturar pequeños artrópodos en ambientes oscuros [Skippy 666].

EL DIABLO SE VISTE DE ARÁCNIDO

La cantidad de viviendas para elegir es inmensa: adosados a pie de costa, rascacielos en medio de una ajetreada ciudad, resorts de lujo de montaña o una sencilla casita en el campo. Las casas en el campo son el sitio donde más especies podemos encontrar. En ellas no solo entran las especies más urbanas. También encontramos ocasionalmente otros artrópodos que temporalmente encuentran en nuestra casa un hogar.

Me he acostumbrado a trasnochar muchísimo para poder hablar con un amigo de México debido a la diferencia horaria. Aunque vive en una gran urbe, los fines de semana se acerca siempre a su pequeña casita de campo para poder descansar. Esta casa está prácticamente pegada a una selva. Recuerdo que una noche me llegó una foto y un mensaje en mayúsculas, como cargado de terror: «¿Qué es esto, Jairo? ¿Es peligroso?». Rápidamente abrí la instantánea y lo vi. La foto, borrosa, probablemente por el nerviosismo que le ocasionó fotografiar a aquel ser, no dejaba lugar a dudas de lo que era. Era un adulto de un arácnido que solo habita las regiones tropicales y subtropicales del globo terráqueo: un amblipigio.

Estos seres poseen unos pedipalpos (el par de apéndices delanteros) transformados en unas potentes patas raptoras de gran longitud preparadas para capturar a presas pequeñas para devorarlas. Su primer par de patas tiene una longitud inmensa y con él van palpando el entorno. Estas patas no sirven para caminar. Tienen una función casi estrictamente sensorial. Si a eso le sumas que tiene unas cuantas espinas aquí y allá, y que parece que tiene el ceño fruncido constamente, parecía que el mismísimo diablo se había vestido como un arácnido para visitar la casa de mi amigo. Los amblipigios también son llamados «arañas látigo», y es que no hay más que ver la longitud de sus patas transformadas en largos apéndices sensoriales.

Pero no son arañas. Los amblipigios forman su propio grupo. Y, además, son muy diferentes a estas. Son tremendamente asustadizos, no tienen veneno y no podrían hacernos ningún daño. Viven en las entradas de cuevas, pero también bajo troncos, en oquedades, sitios húmedos y oscuros, cazando presas diminutas. Aunque afortunadamente no son un habitante habitual de las casas en los países en los que se encuentran, sí que hay muchos reportes de cómo se introducen en las viviendas cuando están vagando en busca de un sitio en el que resguardarse. No cundió el pánico y, para vuestra tranquilidad, os diré que este inofensivo arácnido fue depositado sano y salvo en el exterior de la casa.

Aun pareciendo seres de otro mundo existe un tráfico inmenso de gente que quiere tener amblipigios como mascotas. Son tan considerados seres fantásticos que incluso tienen su pequeño papel en la cuarta entrega de Harry Potter: *El cáliz de fuego*. En una escena, el profesor de defensa contra las artes oscuras, Alastor *Ojoloco* Moody intenta enseñarles a sus alumnos cómo funcionan las maldiciones imperdonables. Para ilustrarlo saca una «araña» de un bote, sobre la cual usará los distintos hechizos. Da la casualidad de que lo que nos presentan como una araña diabólica es un amblipigio creado mediante efectos especiales. Probablemente alguien del equipo de dirección debía de conocer estos seres, y decidió que sería una idea excelente utilizarlos en lugar de una araña típica. Pues no, no es un animal fantástico que no sabemos dónde encontrar. Es un animal real que sí sabemos dónde vive, y que también puede ser un majestuoso compañero de piso, como otros tantos.

EL ÚNICO INSECTO QUE SABÍA LEER

No quiero terminar este capítulo sin hablaros de mis compañeros de piso favoritos. Los únicos insectos que saben leer. Son seres que sueñan con ser escritores. De nefelibatas que constantemente buscan un nuevo libro que devorar. Cuando miro a uno de estos pequeños lectores veo miles de historias. Los hay que prefieren leer épica. Otros prefieren consumir *Rimas* de Gustavo Adolfo Bécquer o una historia de ciencia ficción. Los hay que se emocionan con los versos que Alberti le dedicó a su amado amigo Federico García Lorca en *Canciones del alto valle del Aniene*. Otros se impregnan del futuro distópico de *1984* de George Orwell. Y los hay que leen periódicos, guías de campo, enciclopedias, ensayos o pura filosofía.

Cada uno de estos seres podrían estar llenos de picaresca, de prosa, de poesía, de novela negra, de épica, de autobiografía o de humor. Hablo de uno de los insectos no alados más primitivos que existen. Son los conocidos como pececillos de plata del orden Zygentoma. Muchos tienen aspecto plateado, pero no son peces, sino que son insectos. Es un grupo poco diverso, pero también uno de los que ha vivido más tiempo estrechamente con nosotros. Viven en las bibliotecas de nuestra casa, pero también en nuestros baños, salones y habitaciones.

Los pececillos de plata son los únicos insectos capaces de leer porque son los únicos animales sobre la faz de la Tierra capaces de producir celulasa sin la necesidad de microorganismos simbiontes. La celulasa es una enzima que permite digerir las fibras vegetales. Muchos animales herbívoros, particularmente los rumiantes, establecen simbiosis con microorganismos que viven en su tracto digestivo para poder consumir materia vegetal. Los pececillos de plata no,

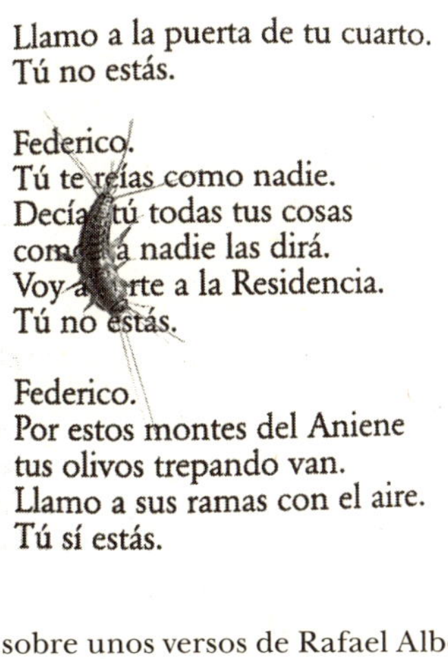

Ctenolepisma lineatum sobre unos versos de Rafael Alberti de *Canciones del alto valle del Aniene* dedicados a Federico García Lorca [Jairo Robla].

Los pececillos de plata son unos insectos muy comunes en nuestros hogares, capaces de alimentarse de papel y otras fibras vegetales [Eleonimages].

ellos son capaces de producirla por sí mismos. Y así pueden devorar las historias. Alimentándose de libros y de papel, viven en nuestras casas. Raspan las hojas mientras leen historias sorprendentes. Los hay que sueñan con ser sastres y costureros y mordisquean las alfombras, prendas u otras telas. Generalmente son capaces de comer cualquier pequeña partícula que encuentran, pero lo que más les gusta es leer. Auténticos devoradores de libros que, poéticos en su modo de vida, son el ser más odiado de bibliotecarios, libreros y conservadores de archivos históricos.

Muchos de estos seres se han extendido por todo el mundo desde hace miles de años, más incluso que las cucarachas. Por ende, muchos no sabemos ni siquiera de dónde son. Han estado leyendo todos los documentos que el ser humano ha sido capaz de crear: los tratados de paz de Versalles, los ensayos de Aristóteles, las cartas náuticas de antiguos marinos o los mismísimos pergaminos egipcios. Quizás eran amigos de Johannes Gutenberg y le transmitieron los secretos para inventar la imprenta y autoalimentar su gusto por la lectura. Quizás entre los pececillos de plata que pueblan el mundo entero aún persisten los conocimientos almacenados en la Biblioteca de Alejandría. Todo el conocimiento que se quemó podría perdurar hoy en los pececillos de plata que habitan en tu hogar. Quién sabe si este libro, que una vez leído acabará depositado en algún lugar de tu casa, se terminará convirtiendo en el hogar de una pequeña familia de estos nefelibatas.

Desde hace tiempo sé que comparto mi hogar con multitud de pequeños seres que han hecho de mi casa también su hogar. ¿Quién soy yo para expulsarlos de ahí? Todos cumplen su función, sin duda, y están ahí porque han sido igual de listos, o más, que nosotros. Fueron pioneros colonizando un hábitat nuevo y desconocido, y aún hoy, lo siguen siendo.

Cangrejo rojo cerca de la orilla del río Guadiana, Badajoz, España [WH Fotos].

VIII. EL SECRETO DEL BUCEO

«Soy mar y tierra. Vigilo la línea
que divide ambos extremos.
Protejo a uno del otro».
AQUAMAN

Vivimos en el planeta azul. El 97,5 % de toda el agua terrestre se encuentra en los mares y océanos, bañando los continentes que «flotan» a la deriva como las piezas de un puzle que buscan encajar. Solo el 2,5 % del agua se corresponde con agua dulce; y menos del 1 % se encuentra en ríos, arroyos, lagos, humedales, estanques o charcas.

En algún momento de la evolución, la gran mayoría de artrópodos abandonaron el medio marino con la intención de colonizar el ambiente terrestre. Arácnidos, miriápodos y la práctica totalidad de los insectos han sido los grandes triunfadores. No obstante, son muchos los animales que, durante el transcurso de la evolución, han vuelto al océano. Los mamíferos marinos son un ejemplo de ello. Sin embargo, una parte de los artrópodos se encontraron con un problema. Todos los nichos que deseaban del medio marino estaban ocupados por quienes se mantuvieron fieles al agua salada.

Quizás los crustáceos fueran los grandes perdedores de la migración a tierra, pero también se convirtieron en los ganadores absolutos en la ocupación marina. Pocas especies han conseguido salir al agua dulce, y aún menos son las que han conseguido independizarse del agua. Por el contrario, solo los insectos del género *Halobates*, de los que ya hemos hablado, han podido regresar al mar.

Pero en algún momento de la evolución, muchos grupos acabaron volviendo al agua, al menos parcialmente. Ligar parte de tu ciclo de vida al agua dulce es una decisión inteligente. Sin embargo, todos aquellos seres que han optado por ella han adquirido una deuda: de una forma u otra, dependen del aire atmosférico en algún momento de su vida.

ACUÁTICO, PERO NO MUCHO

Cuando pensamos en un ser acuático, lo primero que se nos viene a la cabeza es un pez. Animales que viven en el medio subacuático y que pueden respirar en él. Para eso tienen un perfeccionado sistema branquial que les permite captar el oxígeno disuelto en el agua. Ahora bien, para los artrópodos no es tan fácil.

Las larvas de mosquito de la familia de los culícidos, esos seres que nos vuelven completamente locos en las noches de verano, se desarrollan bajo el agua. Nadan con ondulaciones espasmódicas, como un resorte. Su anatomía las ha dotado de un sifón en el extremo de su cuerpo. Un sifón que tienen

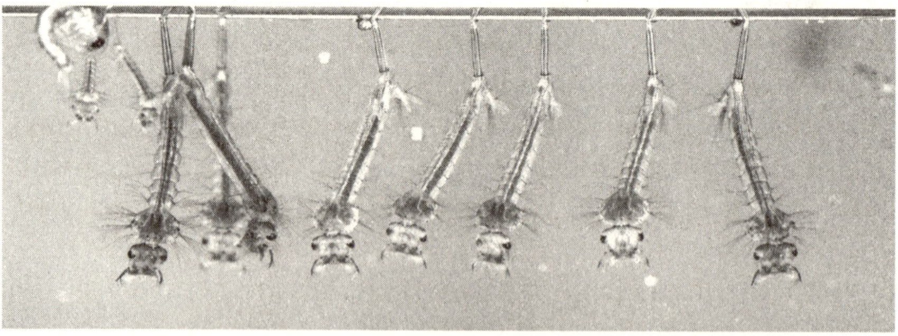

Culex pipiens. Larvas de culícidos exponiendo su sifón hacia el exterior para captar el oxígeno que necesitan [Ghiglione Claudio].

que orientar hacia la superficie del agua, y por el que extraen oxígeno cada cierto tiempo. Algo que también mantienen un grupo de insectos extraordinariamente particular, conocidos como escorpiones de agua. Pertenecen al grupo de los nepoideos y engloban dos grandes grupos. Los pequeños escorpiones de agua, donde destacan los del género *Nepa* y *Ranatra*, pero también los escorpiones de agua gigantes de la familia de los belostomátidos. La gran mayoría de estas especies son depredadores subacuáticos. Buscan a sus presas entre la vegetación y hojarasca sumergida, entre las piedras o rastreando entre la vegetación sumergida. Utilizan su primer par de patas para cazar, pero no pueden respirar bajo el agua. Es por eso por lo que también conservan un apéndice caudal transformado en un sifón, que deben sacar fuera del medio en el que viven, como el periscopio de un submarino, para captar el oxígeno atmosférico.

Nepa cinerea. Los escorpiones de agua son depredadores subacuáticos que presentan un tubo con el que extraer oxígeno de la superficie [Ernie].

Seguimos con la deuda que los insectos acuáticos contrajeron con la tierra. Existen ciertos grupos de insectos que, lejos de aceptar su castigo, han intentado engañar a la física para solventar su problema. El oxígeno, así como otros gases, difunde pasivamente de la atmósfera al agua y viceversa. La situación tiende al equilibrio, a menos que existan condicionantes que lo impidan. Supongamos una charca o río cualesquiera. Si eliminamos oxígeno del agua, si la presión de este gas disuelto en el medio acuático es menor que en la atmósfera, este gas tenderá a difundir pasivamente hacia el agua. El objetivo final es igualar las presiones de oxígeno tanto dentro como fuera del medio acuático. Pero, a medida que nos sumergimos, las presiones de estos gases se modifican... ahí está el quid de la cuestión.

Seguro que has visto ese momento mágico en el que un coleóptero acuático está buceando con una burbuja de aire pegada a la parte final de su cuerpo. Asimismo, si has tenido la suerte de ver un barquerito de cerca —también llamados nadadores de espalda—, chinches acuáticas de la familia de los notonéctidos y coríxidos, te habrás percatado de que secuestran pequeñas burbujas de aire con sus patas nadado-

Los notonéctidos, o nadadores de espalda, son unos hemípteros acuáticos muy comunes en cualquier masa de agua que apresan burbujas de aire gracias a unos pelos hidrofóbicos del final de su abdomen [Macronatura.es].

ras. La mayoría de las especies de estos grupos han estado aprendiendo física durante millones de años para perfeccionar sus técnicas. La parte final de su abdomen se caracteriza por poseer una enorme cantidad de pelos hidrofóbicos. Estos repelen el agua, por lo que los utilizan para capturar burbujas de aire de la superficie. Nadan con ellas, apresándolas, como si se tratase de una bombona de óxigeno. Los insectos conectan su sistema respiratorio directamente a la burbuja, y es de ahí de donde extraerán todo el oxígeno que necesitarán para respirar. A medida que lo hacen, desciende la presión de este gas en el interior de la burbuja. Y, acto seguido, ¡magia! Bueno, más bien... ¡física! El oxígeno disuelto en el agua entra directamente en la burbuja, para intentar igualar las presiones dentro y fuera de esta «bombona».

Por desgracia, no todo es perfecto. En esta partida no solo juega el oxígeno. Existen muchos otros gases que también interfieren en la dinámica de la burbuja, como el nitrógeno. Si a eso le sumas que, coleópteros y hemípteros acuáticos, activos depredadores de otros organismos, no se quedan estáticos, la solución no es perfecta. Si estás subiendo y bajando en la columna de agua, las presiones a las que tu burbuja se ve sometida cambian, las presiones parciales de los gases que hay en su interior también oscilan, y por lo tanto se crea una situación que acaba teniendo una limitación temporal. Al final tienen

La mayoría de escarabajos acuáticos secuestran burbujas de aire que se ven obligados a renovar periódicamente después de un rato de buceo [Martin Pelanek].

que volver a la superficie a secuestrar una nueva burbuja de aire para reiniciar el buceo. Este mecanismo es denominado sistema de branquias físicas compresibles. Porque son burbujas que permiten respirar a los insectos, pero cuyo volumen puede cambiar por efectos de la compresión y expansión.

Existen otros organismos acuáticos que han ido un paso más allá y han arreglado este problema. Hablamos de ciertos coleópteros acuáticos, o de las chinches de la familia Aphelocheiridae. Estos seres han diseñado unas branquias denominadas «plastrones». Tienen el cuerpo completamente cubierto de unos finos pelos que repelen el agua. De esta forma, son capaces de ponerse una chaqueta hidrofóbica que les rodea completamente. Es como si nadasen rodeados por una fina película de aire, por lo que, aunque estén bajo el agua, su cuerpo no llega a mojarse, al menos teóricamente. Este plastrón es la estrategia definitiva para secuestrar el aire. Existe carta blanca para que el oxígeno esté penetrando en el plastrón, por difusión, de forma constante. Es curioso pensar que, para poder vivir bajo el agua, tengas que estar rodeado de aire. Sumergido bajo el agua, pero completamente seco.

Por último, quería hablaros de un peculiar ejemplo que, aunque imperfecto, también funciona. Hablo de la extraña mosca «alcalina» *Ephydra hians*. Esta mosca es única en su especie por adaptarse a un ambiente sorprendente. En ciertas zonas de Norteamérica existen lagos de una gran alcali-

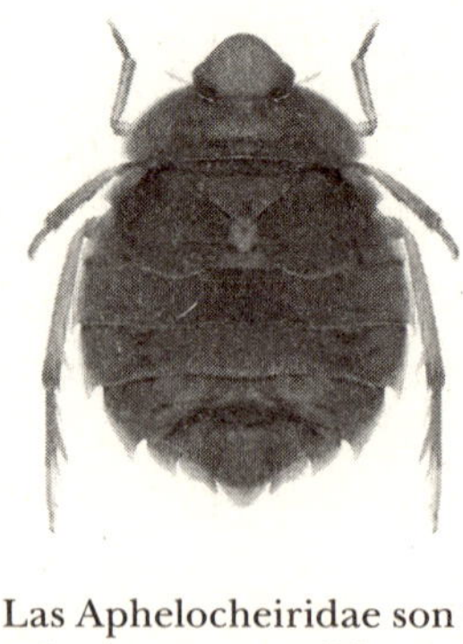

Aphelocheirus aestivalis. Las Aphelocheiridae son un ejemplo de chinches que desarrollan branquias incomprensibles que les hace no tener que subir constantemente a la superficie a renovar el aire [Alslutsky].

nidad y salinidad. Ambientes para nada favorables para otros organismos. Esta mosca se ha saltado todos los límites. Tiene el cuerpo completamente cubierto de unos pelos enormes, gruesos y de un fuerte carácter hidrofóbico. Vive cerca de esta agua tan especial. Obtiene su alimento de ciertas algas fotosintéticas que solo crecen aquí, en el fondo de la orilla del lago. Cuando es la hora de comer, estas moscas generan una enorme fuerza para romper la tensión superficial del agua y zambullirse. Lo hacen rodeándose por una enorme burbuja de aire. Como un casco de buzo gigante. Son capaces de bucear hasta ocho metros en busca de alimento y emerger otra vez, totalmente secas. Y es que, no es para menos, es la única mosca que bucea de esta manera, y puede subsistir en un ambiente tan extremo. Sus larvas, acuáticas, son depositadas en el fondo lacustre también mediante secuenciales episodios de buceo. Esta especie ha sabido adaptarse a un sitio distinto y peculiar. Las altas concentraciones de sales en el ambiente en el que bucea hacen que el agua en el que se sumergen sea extraordinariamente «húmeda». Y así es como se han calificado a estas moscas, como superhidrofóbicas. Su cuerpo es uno de los mayores repelentes naturales del agua que existe, algo que ya está siendo estudiado para buscar su potencial aplicación en el desarrollo de telas «supersecas», por así decirlo. ¿Quién nos iba a decir que una mosca conocería la respuesta a uno de nuestros mayores problemas? Ya no tendríamos que preocuparnos por meternos con la ropa en el agua, total, esta saldría siempre seca.

Ephydra hians es una mosca capaz de bucear durante cortos periodos de tiempo para obtener su fuente de alimento. Es de las pocas que ocupa las aguas alcalinas de Norteamérica [Judy Gallagher].

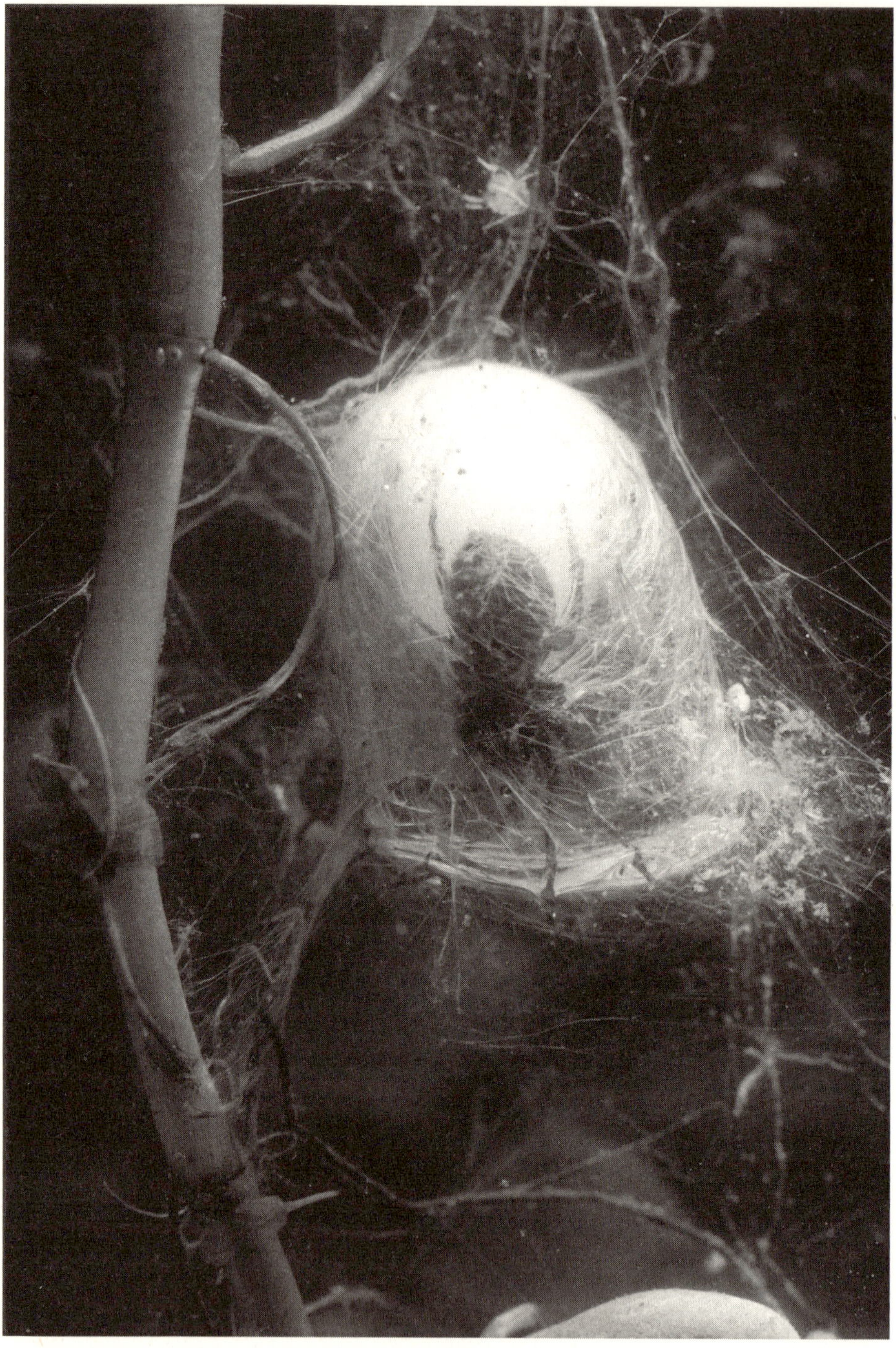

Argyroneta aquatica. Con su tela es capaz de crear una campana que rellena con aire, donde podrá esperar paciente a sus víctimas subacuáticas [Neil Bromhall].

ESTA TELA… ¡TIENE TELA!

Las arañas tienen en su poder uno de los materiales más resistentes que existe en el planeta. La mayor parte de arañas que tejen telas lo hacen en ambientes terrestres, pero una pequeña proporción viven ligadas a las masas de agua, tanto dulces como marinas. Las hay que caminan por encima, corretean sobre los lagos, los estanques o las orillas de los ríos. Incluso algunas son capaces de sumergirse puntualmente para cazar alguna presa o para huir de sus depredadores, como las arañas pescadoras. Sin embargo, de una manera u otra, viven en tierra. Pero de entre las aproximadamente cincuenta mil arañas que se conocen, solo una vive siempre bajo el agua. Hablo de un dictínido (Dictynidae) muy especial: la *Argyroneta aquatica*. ¿Y cómo lo hace? Siendo una auténtica profesional de la arquitectura submarina. Es capaz de tejer láminas de seda de forma irregular ancladas a la vegetación acuática. Estos hilos los cubre con un hidrogel impermeable. También prepara otros que se dirigen hacia la superficie, que la guían para que pueda salir de forma rápida. Y, una vez construida toda su estructura, solo le queda llenar su campana de aire.

La araña acuática es la única araña conocida en desarrollar todo su ciclo vital estrictamente debajo del agua. Eso la hace una joya biológica única [Jack Ventajas].

La araña presenta una gran cantidad de pelos hidrofóbicos en la base de su opistosoma. Sube a la superficie, secuestra una burbuja de aire, y la introduce en su tela de araña subacuática. Después de llenar la campana con varias burbujas de aire, la araña se mete en ella y deja pasar el tiempo, esperando a potenciales presas que tocan su red. Y es que aquí vive esta araña casi todo el tiempo, capturando pequeños crustáceos u otros artrópodos que se acercan a su pegajosa morada. Vive, come, pasa el tiempo y duerme en esta campana de aire. También se reproduce en una de estas campanas y pone sus huevos en ella. Las arañas nacen bajo el agua, siendo lo primero que ven el mundo subacuático. El único problema de su campana, como muchos otros deudores de la atmósfera, es su duración. Aunque el oxígeno está constantemente entrando en ella, y el dióxido de carbono saliendo, el nitrógeno ocasiona que el volumen de la burbuja se vaya reduciendo. Es por eso que la araña, cada cierto tiempo, se ve obligada a salir a la superficie utilizando los hilos que ha tejido en el exterior, para recoger nuevas burbujas de aire con las que rellenar su particular nido. Ser la única araña que vive bajo el agua tiene su precio, pero también tiene su recompensa, que es aprovechar un nicho subacuático como depredadora que no ocupa ningún otro organismo. Es una de las grandes joyas de la evolución que merece la pena conocer y proteger.

Una emergencia masiva de efímeras de un río delatan el peligroso y corto vuelo al que se van a tener que enfrentar para poder volver al agua. Danubio, Sulina, Rumania [Catalina Eremia].

Como podemos ver, aunque hayan conquistado el medio acuático, siempre existe una dependencia del medio terrestre para la obtención de oxígeno. Pero, cambiemos el enfoque. La evolución ha decidido cobrarse la deuda también de otra forma muy especial. Existen grupos de insectos que tienen un ciclo dual, con una fase larvaria estrictamente acuática y una fase adulta terrestre. Hablamos de varios grupos que quizás muchos no conozcáis. Digo que no conozcáis porque los adultos vuelan durante muy pocos días, algunos solo durante escasas horas. Son grupos variados, no tan estudiados como otros artrópodos. Son las efímeras o efémeras (Ephemeroptera), las conocidas como moscas de las piedras o plecópteros, los megalópteros y las mariposas peludas de estuche o tricópteros. Todo esto son órdenes de insectos que pasan prácticamente toda su vida bajo el agua dulce de los ríos y arroyos, lagos y estanques, como larvas. Han desarrollado estrategias para obtener alimento, desde raspar la superficie de las rocas en busca de algas, ser activos depredadores de otros insectos o crear telas filtradoras de partículas en suspensión arrastradas por la corriente.

Son organismos fascinantes que generalmente solo vemos si removemos las piedras de un río. Todos estos seres son capaces de respirar sin necesidad de salir a tierra. En su gran mayoría han desarrollado branquias unidas a su sistema respiratorio traqueal. De esta forma, bien mediante branquias externas, o bien internas, extraen directamente el oxígeno del agua gracias a un sistema extraordinariamente vascularizado cercano a sus tubos respiratorios; sin embargo, también tienen una cuenta que saldar. Llegado un momento de su vida, deben metamorfosear para dar lugar a un adulto alado y volador que es incapaz de vivir bajo el agua. Por lo tanto, tienen que salir brevemente al exterior para convertirse en adultos sexualmente maduros. Las efímeras, como su propio nombre indica, pueden vivir apenas unas horas. En este breve período deben huir de los depredadores que los esperan a las orillas de los ríos, preparados para el festín;

tienen que encontrar una pareja apropiada con la que reproducirse; y, después, por si fuera poco, deben encontrar la forma de volver a poner sus huevos bajo el agua. Demasiados obstáculos para un tiempo tan reducido de vida adulta.

Esta estrategia también es propia de libélulas y caballitos del diablo (agrupados dentro del grupo de los odonatos), los grandes amados del mundo de la entomología junto con las mariposas, por su tamaño, su belleza y su relativa facilidad para identificarlos. Son algo más conocidos porque, a diferencia de los anteriores, los adultos suelen tener períodos de vuelo más largos. ¡Pero no son los únicos! Irremediablemente, aunque todos estos órdenes tienen un ciclo de vida similar

Cordulia aenea. Las libélulas y caballitos del diablo necesitan salir del agua para convertirse en adultos sexualmente maduros. La emergencia es algo espectacular de observar [Michal Hykel].

con una fase acuática y otra terrestre, no podemos olvidar que muchos otros grupos también han aceptado este castigo, aunque sean menos abundantes. Y es por eso que podemos encontrar sumergidos en cualquier masa de agua larvas de neurópteros, de ciertas avispas, pero también de moscas y mosquitos, e incluso de algunas polillas. Insectos que aún mantienen un ciclo dual. Todos siguiendo el mismo patrón: un corto período terrícola que entraña el vuelo más peligroso que existe.

De entre todos estos seres, existen unos que son particularmente interesantes. Hablo de los tricópteros. Su modo de vida es fascinante. Tras eclosionar, lo primero que hacen es fabricarse una casa. Con una seda muy especial que segregan gracias a unas glándulas bucales, y utilizando los materiales que tienen a mano, fabrican un estuche a modo de caparazón. Se retuercen sobre el sustrato para recoger el material que utilizarán para su refugio. Cada familia y cada especie tienen su peculiar forma de construir su estuche. El objetivo final es protegerse de los depredadores. Esto no le pasó desapercibido a Hubert Duprat, un artista francés que

No hay dos tricópteros que tengan estuches idénticos. Todos presentan distintos componentes, tamaños, estructuras o motivos [Xpíxel].

ha trabajado mano a mano con los tricópteros para crear refinadas obras de arte del más alto nivel. Este artista deposita tricópteros sin estuche en tanques especialmente preparados con el material que él quiere que usen: pepitas de oro o perlas, por ejemplo. O, ¿por qué no? Rubíes, zafiros, esmeraldas... Los tricópteros, utilizando su seda, fabrican un nuevo estuche compuesto por todas estas piedras preciosas. Y así se crean obras artísticas de incalculable valor, todas únicas, porque no hay dos tricópteros que fabriquen el mismo estuche de la misma manera. Como artículos de colección de edición limitada. Con una exposición ambulante acerca de su colaboración artística con los tricópteros, empezó a darse a conocer, lo que hizo que surgiese toda una auténtica industria de la joyería de los tricópteros. Ahora son muchas las personas que se dedican a cuidar tricópteros en sus casas y proporcionarles los recursos con los que quieren que construyan sus estuches. De esta manera se obtienen pendientes, piezas para colgantes y otras joyas de coleccionista que, como hemos dicho, son exclusivas y tienen el sello de calidad de la naturaleza.

EL CIEMPIÉS QUE DESCONCERTÓ AL MUNDO

En 2001, George Beccaloni, un entomólogo del Museo de Historia Natural de Londres, se embarcó en su viaje de luna de miel hacia Tailandia. Un viaje que le cambiaría la vida. Antes de contaros su historia me gustaría relataros la afición que tenemos los entomólogos por buscar artrópodos bajo las piedras. De hecho, a mí me regañan mucho cuando voy de ruta con amigos. Como haya piedras que se puedan levantar, allí estaré. El mundo de los artrópodos que encontramos bajo estas es fascinante. Eso sí, es muy importante dejar siempre la piedra en la misma posición en la que se encontró. Pues a George Beccaloni también le encantaba levantar piedras, y eso es lo que fue haciendo en Tailandia. Cuál fue su sorpresa al encontrarse una enorme escolopendra bajo una piedra próxima a un arroyo. Una vez expuestas a la luz, las escolopendras, en general fotofóbicas, tratan de volver a esconderse. Pero esta lo hizo en un sitio muy peculiar. Podría haber huido hacia el bosque de ribera, pero decidió ir hacia el río. Se escondió bajo una piedra parcialmente sumergida, bajo el agua. Desde luego a Beccaloni no le pasó inadvertido ese comportamiento y capturó el ejemplar. De un gran tamaño y un aspecto monstruoso, Beccaloni lo depositó en un tanque con agua. Y seguro que su sorpresa fue aún mayor al observar que el ciempiés se sumergía por sí mismo, nadando como una anguila. Y mayor fue su júbilo cuando el ciempiés emergió, completamente seco. Este ejemplar fue llevado al museo y expuesto ante uno de los mayores expertos del género *Scolopendra*.

Aunque este grupo de ciempiés tiende a seleccionar hábitats húmedos bajo piedras, troncos, en la hojarasca o en las primeras capas del suelo, la mayoría de especies habitan ecosistemas mediterráneos caracterizados por una sequía estival. Tampoco es que vivan cerca del agua precisamente, y a veces los encontramos en los ambientes en los que hace más calor.

Existen muy pocos ciempiés anfibios hoy día, siendo *Scolopendra cataracta* el primero en considerarse auténticamente semiacuático [Chirisak Siriwut y Warut Siriwut].

Sin duda, el escepticismo se extendió entre la comunidad de quilopodólogos, dado que no se tenía constancia de ningún ciempiés anfibio. El descubrimiento pasó a segundo plano, y el ejemplar quedó olvidado durante muchos años en el museo.

Afortunadamente esta historia tiene un final feliz, y es que cierto tiempo después se volvieron a capturar un par de estos ejemplares en Laos que, después de mucho trabajo, fueron descritos como una nueva especie. El primer ciempiés anfibio conocido: *Scolopendra cataracta*. Aunque parezca increíble, se sabe muy poco acerca de este ciempiés. Y es que no se conocen apenas ejemplares, y tampoco se ha estudiado su biología a fondo. Como la mayoría de ciempiés, quizás esta escolopendra sea un cazador nocturno de los ríos. Sumergirte temporalmente para cazar, en este caso de los ríos, puede proporcionarte una gran cantidad de recursos. Y más si eres un ciempiés gigante enfrentándote a presas mucho más pequeñas que tú. Quizás te vuelvas a plantear el bañarte en las aguas de Tailandia. Eso sí, en los últimos años se están descubriendo más especies de ciempiés anfibias en otras partes del mundo. Llegados a este punto, Beccaloni tiene en su haber uno de los descubrimientos más fascinantes de la historia de la entomología.

Las garrapatas se adhieren fuertemente a su hospedador. Como este puede darse un baño, tienen que estar preparadas para estas eventualidades [Tomasz Klejdysz].

DE LAS GARRAPATAS NO TE LIBRAS, NI AUNQUE BAJO EL AGUA VIVAS

Odiar a las garrapatas está a la orden del día. Cuando detectas a uno de estos pequeños parásitos, aunque sea en una pared, un sudor frío te recorre todo el cuerpo. Ha llegado el momento de revisarse compulsivamente todo el cuerpo en busca de estos arácnidos que buscan los pequeños recovecos de tu cuerpo para chuparte la sangre. Alguien me preguntó algo que normalmente no me preguntan. ¿Existen garrapatas acuáticas? ¿O ácaros? Desde luego, en el mundo de los terrícolas hay especies a mansalva. Pues bien, siento decirte que también existen en el mundo acuático, aunque tú, como ser terrestre, no eres su principal objetivo.

Las garrapatas son un grupo de arácnidos que pertenecen al grupo de los acariformes. Existen solo tres familias, y la práctica totalidad de garrapatas están en dos grandes grupos: las garrapatas duras o ixódidos (Ixodidae) y las garrapatas blandas o argásidos (Argasidae). Quizás no existan garrapatas nadadoras *per se* que están buscando un animal acuático al que engancharse. Aunque, ¿quién sabe? Lo que sí podemos discutir es la capacidad de las garrapatas para aguantar el período de sumersión. Si tienes un perro, quizás disfrutes del paseo con él cerca de un río, un lago o el mar. Seguro que lo has visto meterse feliz en el agua a traerte el palo que le has lanzado. Imagínate que a tu perro se le ha enganchado una garrapata como *Dermacentor variabilis*, una especie muy común. Cuando tu compañero se lanza al agua, la garrapata se ve irremediablemente avocada a sumergirse. Y no le queda otra que aguantarse. Bastante que está robando la sangre de su huésped como para pedirle que se quede en tierra. Y así sucede que las garrapatas de los animales terrestres se ven completamente sumergidas durante períodos de tiempo más o menos largos.

No me quiero imaginar las garrapatas de los hipopótamos o las de los cocodrilos. Pues resulta que tienen una solución para esta eventualidad. Nunca se han hecho estudios extensivos acerca de este tema, pero se ha demostrado que muchas garrapatas pueden aguantar largos períodos sumergidas sin ningún problema. Por ejemplo, la especie que te he mencionado, en las condiciones más apropiadas, puede llegar a aguantar hasta 15 días bajo el agua. Y te preguntarás, ¿cómo? Pues también mediante la creación de un plastrón artificial como ciertos coleópteros o chinches que hemos mencionado anteriormente. Presentan un agujero en su parte ventral, un espiráculo, por el que respiran. Este está cubierto con una gran cantidad de micropelos hidrófobos, apenas perceptibles para el ojo humano. Estos, junto con pequeñas prolongaciones de su cutícula, generan una cámara de aire característica que impide el colapso del espiráculo por el agua.

Como hemos visto, todos los artrópodos que necesitan resistir las condiciones subacuáticas son expertos en física, y las garrapatas también. Mientras que siga respirando y consumiendo oxígeno, este seguirá entrando en su capa de aire, permitiéndole seguir succionando sangre de su huésped mientras respira como si estuviese fuera del agua. No obs-

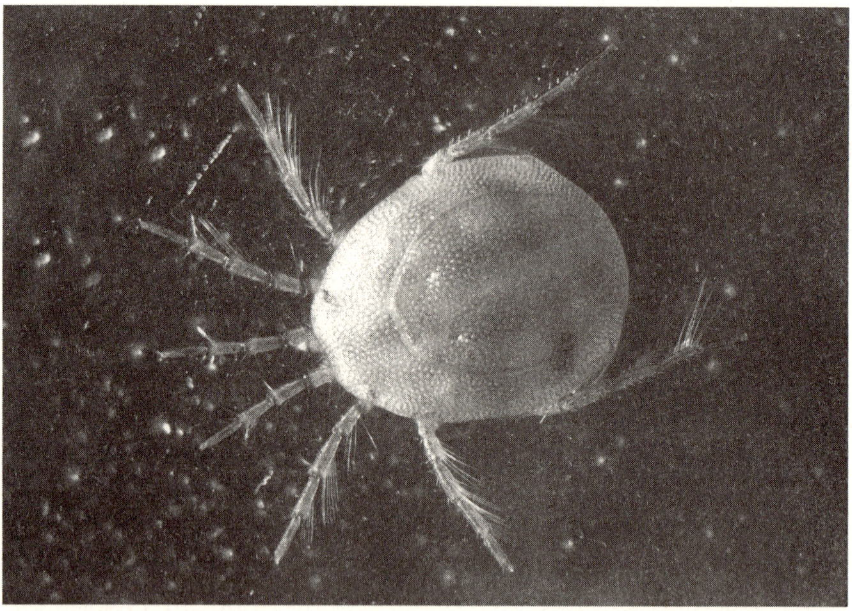

Los ácaros acuáticos son uno de los nadadores más rápidos y uno de los depredadores más certeros de los sistemas subacuáticos [Anatoly Mikhaltsov].

tante, no podemos garantizar que esto esté extendido a todas las garrapatas, porque hay muy pocos estudios al respecto. Sin embargo, sí que podemos confirmar que más de una especie cuenta con mecanismos muy similares para conseguir soportar breves períodos temporales bajo el agua. De hecho, existen garrapatas que no les queda otra que saber respirar bajo el agua. Por ejemplo, la especie *Argas macrostigmatus* es una garrapata blanda que parasita exclusivamente al cormorán moñudo *Phalacrocorax aristotelis.* Este cormorán marino hace sus nidos en acantilados en la línea de costa. Su principal método de caza es mediante pequeños períodos de buceo en el mar en búsqueda de peces que llevarse al pico. Pues, en cada una de las inmersiones de esta ave, también bucean las garrapatas que viven exclusivamente entre sus plumas. Menos mal que han desarrollado estrategias para respirar.

Y es que, si casi todos los seres terrestres del planeta pueden sufrir una infestación parasitaria, también las aves marinas la sufren con bastante frecuencia. Si no que se lo digan a *Ornithodoros maritimus* que, como su propio nombre indica, parasita a un inmenso repertorio de aves marinas que incluye paíños, petreles, charranes y gaviotas. Desde luego, no te queda otra que aprender a respirar bajo el agua si tu casa va quedando inundada a intervalos regulares. O, si no lo consigues, buscar soluciones como lo han hecho los ya mencionados piojos de los pinnípedos. Estos viven bajo la impermeable capa de pelos de focas y leones marinos en un virtual ecosistema seco aun estando inmersos en el agua. También han desarrollado estructuras especializadas para evitar el colapso de sus orificios respiratorios durante los breves periodos de inmersión de sus hospedadores. Madre mía, es que ni bajo el agua se libra uno de las garrapatas... ni de los piojos.

También existen ácaros acuáticos. Ya sé que te he comentado que las garrapatas son acariformes, pero me refiero a ácaros en el sentido en el que nosotros los llamamos «ácaros». Un grupo de arácnidos denominados hidrácnidos (Hydrachnidia). Los ácaros acuáticos forman parte de todos los manglares, ríos, lagos y charcas temporales, e incluso unos cuantos se atreven con el mar. Y créeme, sus colores son impresionantes. Casi cualquier motivo que se te ocurra existirá en un ácaro acuático. Estos arácnidos han llevado al extremo su vida. Las fases larvarias son parásitas de los invertebrados acuáticos de los que hemos hablado. Los ácaros los han seguido, justo detrás. Sus larvas se anclan a las patas de coleópteros o chinches, al abdomen de otras larvas de libélulas o tricópteros. Lo que encuentren. Ellos no le hacen ascos a nada. Sin embargo, el ciclo de vida de la gran mayoría de especies se desconoce.

Aquellas que están bien caracterizadas tienden a perforar el cuerpo de sus huéspedes para succionarles la hemolinfa. Generalmente pasan por varias mudas antes de transformarse en adultos, momento en el que se convierten en un habitante más del agua. Son unos nadadores rapidísimos. Se mueven de una forma espasmódica por toda la

Un caballito del diablo con multitud de ácaros acuáticos que lo están utilizando como método de transporte para localizar nuevas masas de agua [Soumik Dey Roy].

charca, en busca de presas de pequeño tamaño a las que cazar. Ciertamente, como parásitas o como cazadoras, son capaces de participar en la regulación de las poblaciones de macroinvertebrados que viven en los sistemas acuáticos. No obstante, hay momentos del año en el que el agua de su hábitat puede secarse. Sin embargo, ellos no tienen alas. Los coleópteros y chinches que viven en el agua sí. Llegado el momento en el que su casa colapsa, simplemente emergen, secan sus alas al sol, y emprenden un vuelo errático en busca de un nuevo humedal que conquistar. Por otro lado, otros artrópodos desarrollan estructuras de resistencia y quedan como quistes latentes en el sustrato, esperando las nuevas lluvias. Pues estos ácaros, cuando sienten que todos huyen de la charca, hacen autoestop. Se comportan como ácaros foréticos. ¡Y a correr! Los adultos se sujetan fuertemente a cualquier insecto volador que esté preparado para escapar. Total, no dejan de ser animales anclados a tierra que, aunque vivan bajo el agua, pueden respirar el aire atmosférico a la perfección. Y mientras el escorpión de agua o la libélula levantan el vuelo en busca de un nuevo hogar, se llevan en sus alas, en sus patas y en el resto de su cuerpo multitud de ácaros acuáticos no voladores que aprovecharán la oportunidad para encontrar agua sin ni siquiera buscarla. Para que luego digan que no se puede volar sin tener alas.

Los artrópodos tienen una inventiva sorprendente. Han fabricado trajes de buceo casi perfectos. Mientras nosotros nos afanamos en mejorar nuestras formas de respirar bajo el agua, fantaseando con vivir en el algún momento en la Atlántida, los artrópodos nos llevan miles de años de ventaja. No hay masa de agua que se les resista y están dispuestos a ocupar un nicho vacío; aunque deban pagar la rigurosa deuda del oxígeno atmosférico.

Un típico crustáceo, *Cardisoma armatum* [Eric Isselee].

IX. MIS QUERIDOS AMIGOS LOS CARCINÓLOGOS

De entre todas las ramas que estudian a los artrópodos, probablemente no exista una tan ignota como la carcinología, la encargada de clasificar y determinar a los crustáceos. Con más de 65 000 especies descritas —y con miles de ellas por clasificar aún— son los grandes olvidados de la divulgación científica; más allá de las especies con interés gastronómico, el resto no suelen ser conocidas.

En 1872, un barco zarpó hacia la inmensidad del mar. Formaba parte de lo que se conoció como la expedición *Challenger*. Desde Inglaterra recorrió el globo terráqueo durante cuatro años con una finalidad: hacer una campaña científica. Se embarcaron físicos, geólogos, químicos y en particular, naturalistas. Se tomaron cerca de mil muestras en distintos puntos, recolectándose organismos de profundidad, nadadores y planctónicos. Entre la tripulación de este barco navegaba un carcinólogo alemán que se encargó de coordinar el trabajo: Rudolf von Willemoes-Suhm. Todo este material, acompañado de muestras fotográficas e ilustraciones, acabó en el Museo de Historia Natural de Londres. En él trabajaba un joven zoólogo que acometió el estudio de todos los crustáceos recolectados. Era Edward J. Miers, y es una de las figuras más importantes de la historia de la carcinología. Describió e ilustró más de trescientos crustáceos y marcó un hito en esta ciencia. Gracias a él los crustáceos comenzaron a conocerse, y en este capítulo hablaremos de algunas de sus historias más secretas.

BAJO EL MAR, BAJO EL MAR

Ya lo cantaba el cangrejo Sebastián de *La Sirenita*. «Tú crees que en otros lados, las algas más verdes son. Y sueñas con ir arriba, qué gran equivocación». Mientras Ariel fantaseaba con vivir una vida terrenal, este cangrejo intentaba hacerle ver a su amiga que el mar era un sitio privilegiado. La gran mayoría de crustáceos conocidos viven en los ecosistemas marinos de todo el mundo. Desde la línea de costa o las playas de arena blanca, hasta lo más profundo de la fosa de las Marianas. Su increíble diversidad va acompañada de incontables modos de vida, una abrumadora taxonomía y extravagantes peculiaridades.

Las gambas mantis o estomatópodos son los únicos supervivientes de su propio orden. Su segundo par de apéndices está transformado en unas estructuras que les sirven para propinar puñetazos. Son el Rocky Balboa del mundo animal. Solitarios y extraordinariamente agresivos, pasan el día

Las gambas mantis tienen un potente puñetazo capaz de perforar desde el caparazón de un caracol hasta el cristal de un acuario [Gerald Robert Fischer].

en sus escondrijos submarinos. Si osas acercarte a uno de ellos te podría dejar KO, no en vano tienen el puñetazo más rápido y potente del mundo animal (y humano). Descargan sus patas raptoras a más velocidad que el disparo de un revólver, ejerciendo una fuerza enorme. El veloz impacto acaba pulverizando aquello con lo que choca. Es así como destrozan el caparazón de cangrejos o la concha de los moluscos de los que se alimentan. Abundantes son las anécdotas de trabajador de acuarios públicos que se ha llevado una desagradable sorpresa al ver el cristal de una pecera roto por el fuerte puñetazo de este crustáceo. Probablemente las gambas mantis podría noquear a más de un boxeador profesional de un solo golpe. ¡Ándate con ojo!

Los estomatópodos no son los únicos boxeadores marinos. El cangrejo pom-pom o boxeador, *Lybia tessellata* es otro de ellos, aunque más que por la fuerza bruta se caracteriza por su inteligencia. Este cangrejo presenta unas pinzas con espinas que utiliza para recolectar y enfundarse unos particulares guantes: anémonas del género *Triactis* o *Bunodeopsis.*

Los cangrejos pom-pom se enfundan unos guantes de boxeo muy especiales para disuadir a sus depredadores [CK Ma].

Estas están cargadas de unas células especializadas (cnidocitos) capaces de asestar una punzada tóxica. El cangrejo blande sus venenosos guantes de boxeo y disuade así a sus potenciales depredadores. Ahora bien, por desgracia no puede utilizar sus pinzas para manipular el alimento que llevarse a la boca. Por lo tanto, parte de las partículas alimenticias que captan las anémonas son usadas para que este boxeador se alimente. Algo tenían que perder para poder ganar.

Los camarones de la familia de los alfeidos (Alpheidae) son otro ejemplo de crustáceos que utilizan armas sofisticadas. Existen más de seiscientas especies, siendo las más estudiadas los camarones pistola del género *Alpheus*. Curiosamente, son el animal capaz de emitir el ruido más potente que existe. Olvídate de las ballenas o de los delfines. En el mar, e incluso en tierra, no hay nadie como ellos. Estos camarones tienen una modificación de uno de sus apéndices que presenta una característica oquedad en su *garra* ocupada parcialmente por un resorte. En reposo, esta cavidad está llena de agua. Pero

Los alfeidos son crustáceos que presentan pinzas preparadas para dar un disparo acuático y sónico con el que asesinar a sus presas [Subphoto].

cuando se acerca una presa, un pez de pequeño tamaño, comete su asesinato. El camarón pistola cierra drásticamente su *garra,* haciendo que la cavidad que estaba llena de agua sea ocupada por el resorte. El agua saldrá eyectada a una velocidad y presión inmensas por otro agujero que se encuentra en la parte inferior de su apéndice. De hecho, este cambio de presión genera una onda sónica de choque de más de doscientos decibelios durante un diminuto instante. Te diré que la calle más transitada de tu ciudad, con tráfico, gente gritando, perros ladrando y coches pitando quizás podría alcanzar los 150 decibelios. Los peces quedan aturdidos, o incluso mueren y el camarón pistola aprovecha para arrastrar a su presa hasta su guarida y comérsela.

LOS CRUSTÁCEOS MÁS BIZARROS

El océano es un ecosistema inhóspito, extensísimo y tremendamente oscuro. Los documentales suelen desdibujarnos una idílica vida submarina. Sin embargo, a medida que descendemos en la columna de agua todo se vuelve más y más oscuro. Llega un punto en el que la luz del sol no penetra más y comienza la conocida región de oscuridad perpetua. Mas en ciertas zonas del fondo marino existe una fuente de luz. Hablamos de las «fuentes hidrotermales». Son grietas de la corteza oceánica por la que fluye agua a una temperatura que puede rondar los 400 °C. La salida de esta agua tan caliente se debe a la proximidad del magma del interior de la Tierra. Por lo tanto, ese magma genera un poco de luz. Las fumarolas hidrotermales son como faros en la inmensidad del fondo oceánico. Y es aquí donde se arremolinan bacterias fotosintéticas, capaces de producir sus recursos nutritivos utilizando como energía la luz que se genera con la salida del fluido geotermal a alta temperatura.

Existen microorganismos, denominados quimiosintéticos, que utilizan los tóxicos minerales fundidos que fluyen para producir sus recursos. Y es en este cuadro impresionista

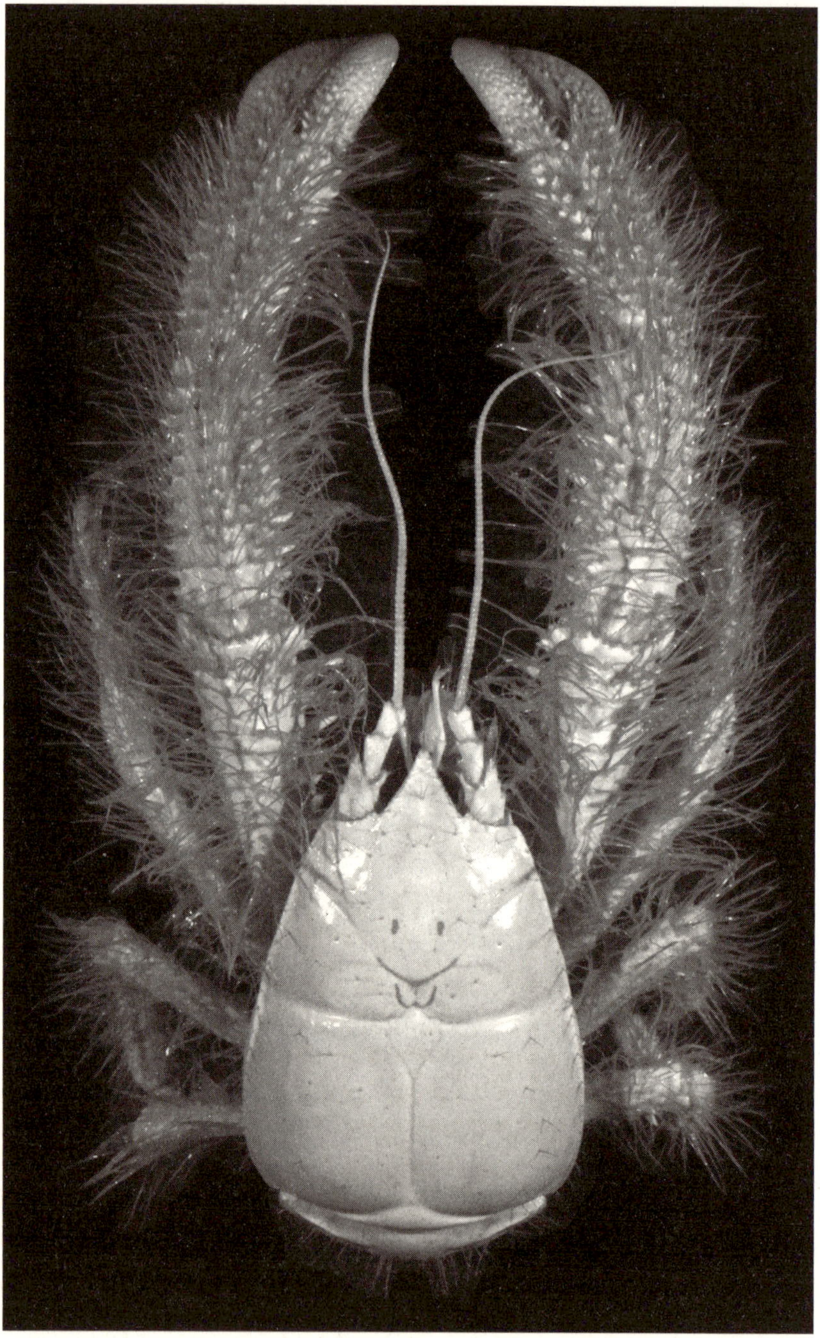

Los cangrejos *Kiwa* viven en las fumarolas de las que dependen los organismos anaeróbicos de los que se cree que se podrían alimentar [Noémy Mollaret, Muséum National d'Histoire Naturelle].

donde viven los cangrejos yeti de la familia Kiwaidae. Estos tienden a ser blancos, poseen unas pinzas colosales y tienen su cuerpo cubierto de largos pelos. Su voluptuosa morfología ha suscitado la imaginación de muchos fabricantes de peluches.

Los yeti pertenecen al género *Kiwa* y son muy especiales. Se concentran en grandes cantidades en torno a las fumarolas hidrotermales alimentándose de los restos depositados por la conocida como *lluvia* o *nieve marina*: el flujo de materia orgánica que cae desde las capas superiores a las inferiores. Mas no es su única fuente de alimento. Tras estudiarlos se ha podido detectar colonias de bacterias quimiosintéticas viviendo en sus extraordinariamente peludas pinzas. Quizás el cangrejo yeti las podría estar cultivando, aunque ni siquiera sea capaz de verlas. Suelen orientar sus pinzas hacia los chorros térmicos de metales para que su pequeño cultivo obtenga los tóxicos alimentos que necesita. Simultáneamente a que las bacterias se alimenten, reducen la toxicidad de estos compuestos para los cangrejos. Una relación simbiótica en toda regla. Incluso a veces los cangre-

Las fuentes o fumarolas hidrotermales son hábitats submarinos tremendamente especiales que cuentan con una bulliciosa biodiversidad.

Un ejemplar de *Macrocheira kaempferi* [Slowmotiongli].

jos yeti se comen a los integrantes de su propio rebaño. Estos presentan unos pelos especializados en uno de sus maxilípedos (el nombre técnico de algunos de los apéndices bucales delanteros) con los que son capaces de cosechar directamente las bacterias de sus pinzas para alimentarse de ellas. ¿Estamos ante el crustáceo más bizarro?

En las profundidades del océano Pacífico aparece un excelente competidor. Considerado como el artrópodo más largo que existe, el cangrejo gigante japonés *Macrocheira kaempferi* no deja a nadie indiferente. Del extremo de una pinza a la otra, los ejemplares más grandes llegan a alcanzar los cuatro metros. Y curiosamente, tiene pánico de sus depredadores. Mientras busca pequeñas presas recolecta casi cualquier material que encuentra y se cubre con él. Algas, troncos, esponjas, piedras o puñados de arena, un trozo del atrezo marino andante. Desde luego es un apetitoso bocado de marisco para muchos seres submarinos, por eso trata de ocultarse. Como última anotación estamos ante una de las especies más longevas de crustáceos, ya que puede sobrepasar la despampanante edad de cien años.

Hay otros ejemplos de crustáceos raros viviendo en el fondo marino. Pero para mí, estos son los más bizarros. ¿Os imagináis que existiese un cangrejo gigante yeti? Habrá que seguir explorando el fondo marino para descubrirlo.

En 1920 se publicaba en una popular revista esta imagen de un cangrejo gigante japonés que, por sus dimensiones, sorprendió al mundo.

Las langostas americanas son uno de los artrópodos que pueden alcanzar más peso de entre todos los que viven actualmente [Eric Isselee].

LA DEUDA DEL MAR

A lo largo de miles de años de evolución son muchos los crustáceos decápodos (los conocidos como «cangrejos») que se han aventurado en la tierra. Sí, fuera del agua. No obstante, nunca han dejado de tenerla presente. Los niños juegan a buscar cangrejos ermitaños en las rocas del intermareal. En las orillas de ciertos estuarios pueden observarse llamativos cangrejos violinistas con una descomunal pinza que se mueven de lado a lado. Da igual que hayan decidido aventurarse al mundo emergido. Si los insectos que volvieron al agua tienen que pagar un alto precio, ellos no iban a ser tratados de forma distinta. Todos los cangrejos que encontramos en los ecosistemas emergidos tienen que volver al agua en el período de la reproducción. Sus estados larvarios son siempre estrictamente acuáticos. Por lo tanto, no pueden irse lejos del agua, y si lo hacen, tocará correr.

En medio del océano Índico encontramos dos pequeñas islas australianas en las que habita el cangrejo rojo de la Isla de Navidad *Gecarcoidea natalis*, endémico de la isla de su mismo nombre, aunque también propio de las Islas Cocos. Estos cangrejos viven en los bosques húmedos insulares alimentándose de lo que encuentran en el suelo: frutas, flores, hojas muertas e incluso carroña. También excavan madrigueras para huir del calor. Modifican tanto el suelo que son considerados importantísimos ingenieros ecosistémicos que fertilizan, airean y remueven el sustrato de los bosques. Mas hay un periodo del año en el que las hormonas flotan en el aire. Coincidiendo con la luna llena, los cangrejos sienten que ha llegado su momento. De repente, más de cuarenta millones de cangrejos realizan una de las migraciones más espectaculares del mundo animal. De todos los recovecos de la isla surgen cangrejos dispuestos a reagruparse. Realizan una larga travesía que durará una semana y que tiene un único objetivo: el océano.

Las islas donde viven estos cangrejos no suman más de tres mil residentes que viven con total naturalidad este fenómeno. Las pocas carreteras quedan completamente corta-

La migración de los cangrejos rojos de la Isla de Navidad es uno de los fenómenos biológicos más impresionantes [Skyfall Four].

El cangrejo rojo de la Isla de Navidad es endémico de algunas islas del océano Índico, y ha dejado el mar para poder vivir en los bosques húmedos [Travelling Fatman].

das mientras millones de turistas rojos anegan completamente pueblos y ciudades. De hecho, muchas carreteras se han adaptado para evitar los atropellos fortuitos de los cangrejos mediante la construcción de puentes artificiales por los que los cangrejos pueden migrar. La conocida como la gran migración de los cangrejos rojos de la Isla de Navidad es todo un evento social. Finalmente llegan al mar, aunque son incapaces de nadar. De hecho, si una ola los arrastra hasta las profundidades del océano irónicamente perecerán ahogados. Es por eso por lo que solo se acercan a las rocas de la línea de costa y se sumergen parcialmente en el agua para liberar los huevos que los machos tendrán que fecundar. De los cientos de miles de millones de huevos que son depositados en el mar emergerán las larvas que acabarán volviendo una vez más a la isla que las vio nacer.

Pero esta singular joya evolutiva está desapareciendo. Con nuestra afición a movernos por todo el mundo hemos desplazado muchas especies más allá de sus confines originales. A estas islas ha llegado recientemente la hormiga loca de patas amarillas *Anoplolepis gracilipes.* Una hormiga asiática convertida en el principal enemigo de un cangrejo que, hasta

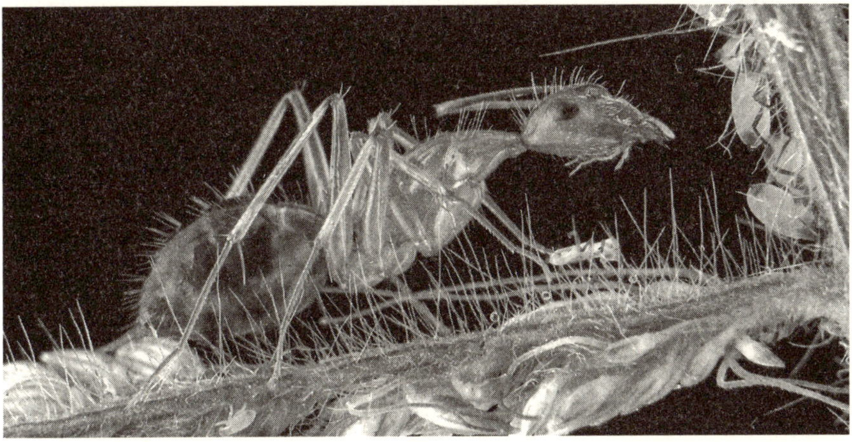

Las hormigas locas de patas amarillas han sido introducidas en muchas partes del mundo, pero en estas islas están causando auténticos estragos [Lukman M.].

ahora, no conocía rival. Estas hormigas, además de robarles sus madrigueras, interfieren gravemente en sus migraciones. Cuando estas suceden, los cangrejos van removiendo el sustrato y acaban tocando por simple aleatoriedad un hormiguero. Las hormigas salen enfadadas y rocían grandes cantidades de ácido fórmico a todo aquel que sea una amenaza.

Las hormigas disparan directamente a los ojos de los cangrejos, cegándolos. Aunque estos intenten limpiarse el ácido fórmico acaban muriendo de cansancio y deshidratación. Hoy son varias las políticas de conservación que tienen como principal estrategia erradicar a las foráneas hormigas de los bosques insulares y luchar para que estas joyas isleñas sigan pudiendo realizar su titánico viaje por muchos años.

Las islas siempre han sido fascinantes sitios para vivir. Quizás alguna vez te han hecho la clásica pregunta de: «Si te fueses a una isla desierta y solo te pudieses llevar una cosa, ¿qué te llevarías?». Cada uno tendrá su respuesta. Yo, lo tengo claro. Si la isla a la que voy tiene cocos, me llevaría un cangrejo cocotero *Birgus latro*.

Este cangrejo se encuentra en territorios insulares de los océanos Índico y Pacífico. Está catalogado como el artró-

El título del artrópodo terrestre más grande le corresponde al cangrejo cocotero *Birgus latro*, que solo se encuentra en un puñado de islas del océano Índico y Pacífico [KYTan].

podo terrestre más grande del mundo. Estamos hablando de un cangrejo que llega a medir hasta un metro y pesar hasta cinco kilos. Reforzado con un exoesqueleto infranqueable, el cangrejo cocotero es la bestia parda de los crustáceos terrestres, así como el titán de todos los artrópodos que viven en los ecosistemas emergidos. Además de considerarse un manjar exquisito en sus áreas natales (y que también ha propiciado que se cace hasta la casi desaparición en varias islas de su distribución), presenta unas pinzas que son una herramienta más perfeccionada que una navaja suiza. Suele alimentarse de frutos carnosos caídos, restos de otros organismos, raíces e incluso es un hábil y despiadado cazador de tortugas marinas neonatas. Pero a veces encuentra otra fuente de alimento que nadie más ha sabido aprovechar. ¿Sabéis cuál? No me diréis que era una pregunta difícil porque su nombre no dejaba lugar a dudas: los cocos.

El cangrejo cocotero sabe abrir un coco sin necesidad de dejarlo caer desde grandes alturas. Aunque aprovecha todos los que encuentra por el suelo, a veces trepa hasta lo alto de las palmeras para tirar los cocos de los que se va a alimentar. Una vez está en posición lo va pelando en torno al «punto de quiebre»: el área donde el coco presenta una capa más fina, situada hacia los tres característicos opérculos. Y es ahí donde empieza a martillear. Lo hace con tanto tesón y tanta precisión que el coco acaba rompiéndose, permitiéndole acceder a su jugosa recompensa.

Su fuerza es colosal y en el caso de que te agarre con sus pinzas, tienes todas las de perder. Sea como sea, este cangrejo sigue teniendo una importante deuda con el mar. Aunque sea un pésimo nadador que moriría rápidamente ahogado si se sumerge en el gran azul, todos los años debe volver también al mar para depositar sus huevos, como los cangrejos rojos de la Isla de Navidad. Las larvas permanecerán flotando en la columna de agua hasta que puedan emerger maduras. Saldrán del mar pequeños cangrejos cocoteros que nunca volverían más al inhóspito mar, si no fuera porque no les queda más remedio que criar. ¿Alguien pensó que los crustáceos verdaderamente podrían abandonar su deuda con el mar?

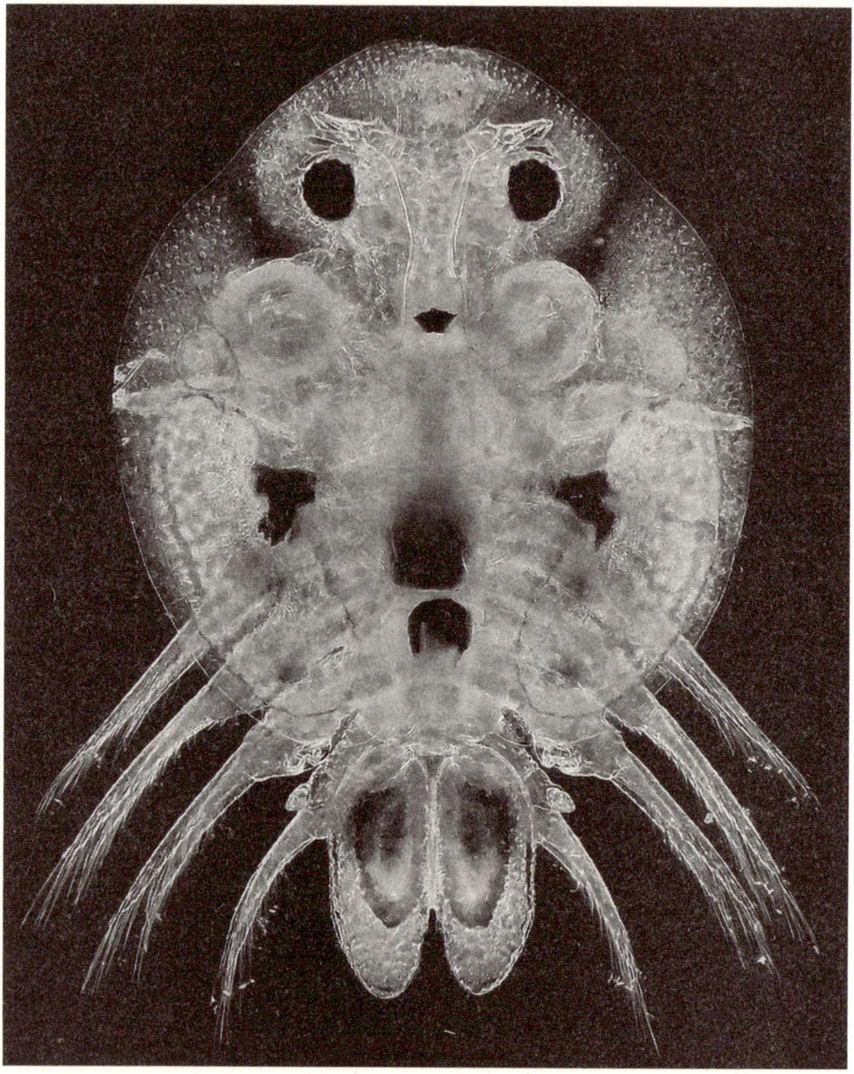

Los branquiuros son unos crustáceos parásitos que se adhieren a los peces para alimentarse de su sangre u otros fluidos [Andrei Savitsky].

¿DE VERDAD ESTO ES UN CRUSTÁCEO?

En esto de jugar al despiste, los crustáceos también han sido unos auténticos expertos. Existen dos grupos de crustáceos poco conocidos que tienen un ciclo de vida estrictamente parásito. Esto ha conllevado una serie de modificaciones que nos ha hecho dudar, cuando los vimos por primera vez, de su clasificación en el reino animal. Uno de estos grupos son los branquiuros. Solo cuentan con algo más de 150 especies que habitan África y Sudamérica. Son parásitos que viven adheridos a los peces o a los anfibios, como si fuesen un quiste. Sus mandíbulas presentan unos ganchos afilados con los que se anclan a su hospedador, ayudándose a veces incluso de unas ventosas. Desde este momento, tienen barra libre de alimento. Succionan sangre y otros fluidos hasta atiborrarse. El quiste crece y crece y solo dejan de succionar cuando se sacian. Pero, hay algo aún más difícil. ¿Cómo te apareas cuando eres un parásito?

Se tiene que dar la casualidad de que una pareja de branquiuros se encuentre fortuitamente sobre el mismo pez. Es sobre esta isla móvil dónde se aparearán. Los machos suelen quedarse en ese huésped todo el tiempo que puedan seguir sustrayéndole sus reservas vitales, pero las hembras tendrán que abandonarlo temporalmente para buscar un sitio donde depositar sus huevos, como la vegetación sumergida. Una vez completada su misión, buscan un nuevo pez al que arponear y vuelven a viajar con él. Las larvas recién nacidas también son parásitas oportunistas de cualquier pez que pase cerca de ellas. Y así, se completa el ciclo de un parásito que, remotamente, nos recuerda a un crustáceo.

Y dispuesto a romperte completamente los esquemas te pregunto: ¿sabes lo que es un pentastómido? Tú lo miras y piensas que es un gusano o una tenia. Tiene un aspecto vermiforme que desconcierta totalmente. Evidentemente, no estamos hablando de ellos aquí porque no haya sabido dónde encuadrarlos. Actualmente, a los pentastómidos se les considera crustáceos. Su posición incierta está muy discutida, aunque su asignación como crustáceos se fundamenta en filogenias moleculares, trabajos en los que se dibujan unos *arbolitos* que reconstruyen las afinidades evolutivas entre distintos grupos de animales para ver dónde se sitúa cada uno. Y los pentastómidos aparecieron en el linaje de los crustáceos. Las hipótesis más aceptadas es que están tan adaptados a su especializada forma de vida que por eso tienen la morfología que tienen. La de un parásito, ya que todos los pentastómidos lo son.

Estos se anclan al interior del tracto de reptiles, aves y mamíferos. Nuevamente el apareamiento requiere de una bonita casualidad en la que dos individuos de sexos distintos coinciden en el interior de un hospedador. Tras el apareamiento se liberarán los huevos que saldrán del huésped y pasarán al sustrato o al agua. Un hospedador intermedio se los come por error, ajeno a lo que está ingiriendo. Por ejemplo, un pez que está nadando y observa unas pequeñas bolitas con aspecto de comida que caen cuando un ave se zambulle. O un mamífero herbívoro que se los come por error al masticar la hierba fresca donde estos se han depositado. Los huevos eclosionan en el interior del hospedador y dan lugar a unas larvas que penetran en el sistema intestinal del animal enquistándose hasta que su hospedante sea la presa de un depredador que se convierte en el huésped final.

Los pentastómidos son crustáceos de una incierta posición taxonómica que, se miren como se miren, no nos recuerdan en nada a un crustáceo típico [José Grau de Puerto Montt].

Cuando el animal más grande se come al más pequeño, las larvas cambian de cuerpo. Migrarán desde el tubo digestivo hasta llegar al tracto respiratorio de su hospedador final donde se convierten en adultos. Allí se quedarán pacientemente a esperar a su pareja mientras absorben los fluidos de su huésped. Con un ciclo tan especializado, ¿para qué necesitas ojos complejos? ¿Antenas? ¿Te serviría de algo tener tantas patas o una cola para nadar? ¿Necesitas un caparazón tan resistente? Solo necesitas ser un animal blando, que se pueda retorcer con facilidad para introducirte por cualquier pequeña cavidad anatómica y que carezca de cualquier apéndice corporal que pueda hacer que te quedes enganchado. Es por lo que quizás empezaron pareciéndose a un cangrejo estándar, pero a los que la evolución les reservó degenerar hasta el extremo de lo que significa ser un crustáceo. Que me aspen si los crustáceos no son interesantes.

EL SER MÁS ANTIGUO SOBRE LA FAZ DE LA TIERRA

Hasta ahora te he hablado de seres marinos, parásitos o de cangrejos deudores que aun viviendo en tierra deben retornar al mar. Como hemos mencionado, la mayor parte de la diversidad de los crustáceos se encuentra en el gran azul o ligado a él. Sin embargo, los sistemas de agua dulce no han quedado ajenos a la colonización por los crustáceos.

Si has tenido —como yo— buenos profesores de biología en tu educación básica, quizás recuerdes un cultivo de milimétricos crustáceos de aguas dulces que te enseñaban en el laboratorio de zoología. Se llaman *Artemia* y son unos fascinantes crustáceos que viven casi siempre en aguas dulces con una cierta concentración de sales, mas no en el mar. Sus depredadores saben que este alimento es un importante bocado proteico que carece de sofisticados mecanismos de defensa. Por lo tanto, las artemias prefieren vivir en aquellas aguas donde no encontrarán a sus verdugos. Lo hacen en el mismo sitio que viven las pulgas de agua o cladóceros que explosionan las charcas tras la época de lluvias. Son los conocidos como branquiópodos, y todos presentan aspectos más bien prehistóricos.

Muchas especies de branquiópodos se venden como alimento vivo para los que mantienen acuarios. Sin embargo, en la naturaleza estos crustáceos evitan ser presas viviendo en hábitats extremos, como ambientes hipersalinos. La mayoría de especies viven en aguas temporales (si el ecosistema en el que habitas se seca, tus depredadores naturales no podrán sobrevivir). Uno de los principales grupos son los anostráceos o gambas duende, que incluye las artemias, pero también muchas otras especies singulares. Nadan de espaldas, con un espasmódico movimiento de sus patas crean corrientes de agua por las que pasan partículas disueltas que filtran

Las *Artemia* son crustáceos típicos de humedales temporales. Algunas son partenogenéticas, pudiendo producir huevos las hembras sin presencia de machos [Napat].

y les sirven de alimento. Las hembras cargan los huevos en unos sacos al final de su cuerpo, que liberan en el medio cuando estos están completamente maduros. Sin embargo, su ecosistema se podría secar de un momento a otro, y es aquí donde los anostráceos son unos auténticos expertos.

Sus huevos forman unas estructuras de resistencia que les hacen entrar en un estado de diapausa. Tienen unos detectores y medidores naturales de la presencia de agua. Si no la detectan, los huevos no eclosionan. Estos quedan enquistados entre las grietas del sustrato, sometidos al pisoteo de otros animales e incluso a algún incendio. Mas los gérmenes de la vida perduran. Cuando las primeras lluvias llegan, se produce la magia. Una vez los huevos son cubiertos por el agua, eclosionan. Pero no lo hacen todos. ¿Y si es una tormenta de verano? Solo emerge un porcentaje muy pequeño de todos los que perduran en el sustrato. Quizás perezcan, pero se quedan como aviso de que todavía no es el momento. Cuando la charca se llene completamente y los huevos queden inundados durante varios días es cuando finalmente eclosionarán para volver a comenzar de nuevo el ciclo. De hecho, todos los branquiópodos se han adaptado a la temporalidad. Las pulgas de agua o los espinicaudados, también llamados gambas almeja, también presentan estructuras de resistencia en forma de huevos para pasar la época desfavorable. Y solo el milagro de la vida, el agua, les hará volver a resurgir.

Mientras todos estos branquiópodos nadan, existe otro que los observa con el ceño fruncido desde el fondo de la charca. Es un crustáceo catalogado como el ser viviente más antiguo sobre la faz de la Tierra. Se trata de un notostráceo llamado triops. Los miembros de su tribu llevan más de 250 millones de años sin cambiar un ápice. Verlos es ver un auténtico fósil viviente. Llevan aquí desde el Devónico, un período geológico que comenzó hace más de 400 millones de años. Convivieron con los dinosaurios. Los temibles *Tyrannosaurus rex* bebían agua en las charcas en las que vivían estos branquiópodos. Observaron impasibles cómo se acercaba el meteorito que al final del Cretácico acabaría con estos grandes reptiles y simplemente se retiraron al fondo de su charca y sobrevivieron. No sabemos cómo, pero lo hicieron.

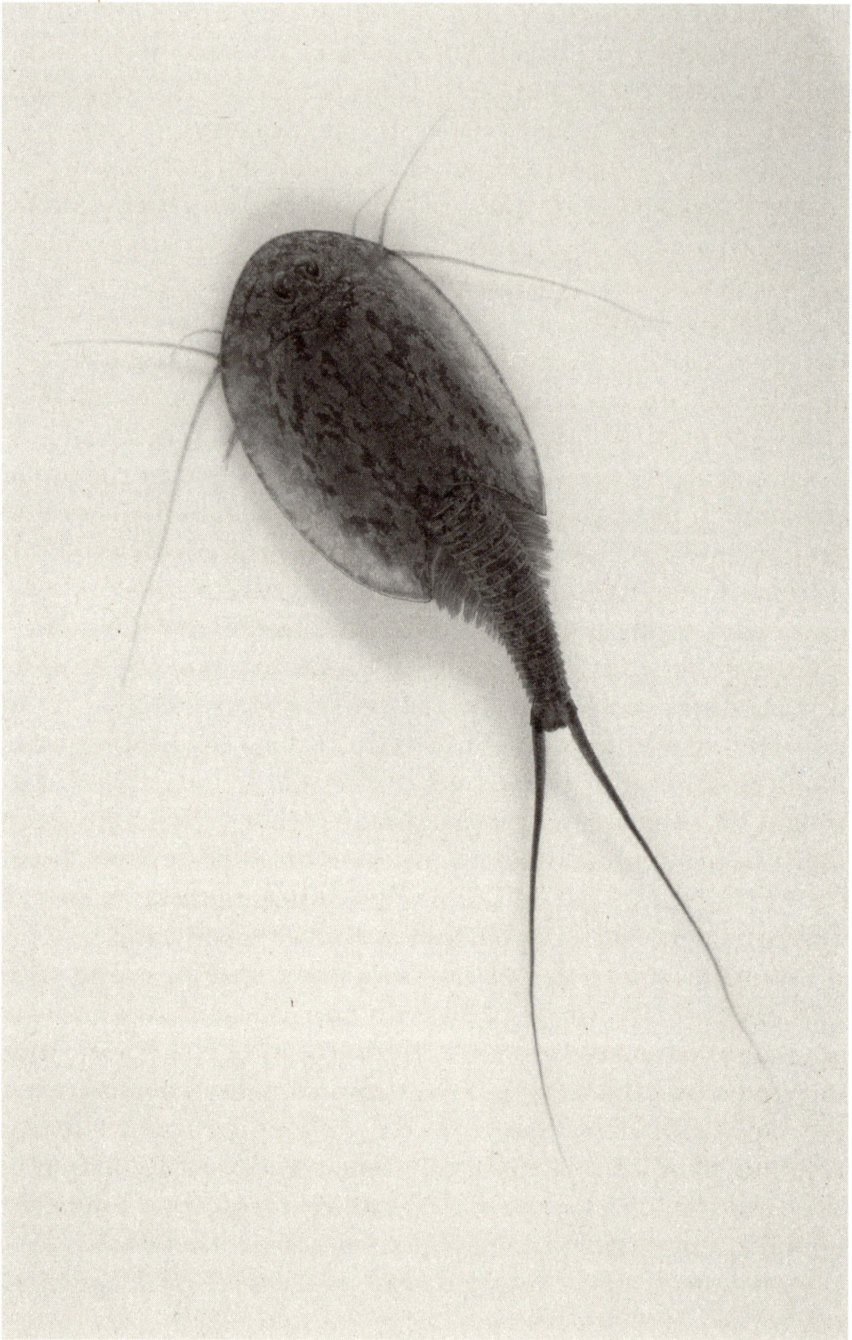

Los *Triops*, entre otros notostráceos, son unos de los animales más antiguos sobre la faz de la Tierra. No en vano, no ha cambiado nada durante más de 250 millones de años [Frogger].

Este fósil vive en las charcas temporales de todo el mundo. Todas las especies pertenecen al género *Triops*, menos una del género *Lepidurus*. Sin embargo, todas son prácticamente idénticas, prueba irrefutable de que su arquitectura funcionó en el pasado y todavía hoy sigue funcionando. Son depredadores y carroñeros de las aguas efímeras, y constantemente remueven el sustrato en busca de alimento. También poseen unos huevos de resistencia que pueden pasar en diapausa muchísimos años. Sus huevos solo eclosionan cuando los detectores de agua perciben la suficiente como para que salir a nadar no sea un problema. Estos seres viven más cerca de ti de lo que crees, pero no te has parado a verlos. En el charco que se genera en otoño cerca de tu casa, podrían estar. De hecho, siempre han llamado la atención del ser humano. Sus huevos en estado de diapausa se venden en pequeñas bolsas junto con kits de juguete para que los niños puedan criarlos en casa. No obstante, como muchas cosas de las que hacemos, algo está empezando a salir mal.

Triops longicaudatus es uno de estos fósiles vivientes, concretamente de América. Hoy está catalogada como especie invasora en muchos países pues compite con otros notostráceos a los que acaba desplazando. La especie americana es más grande y voraz, por ejemplo, que las especies europeas. Lo que comenzó siendo un inofensivo juguete se está convirtiendo en la crónica de una muerte anunciada. A esto hay que sumar la destrucción de los humedales temporales por la desecación, contaminación o la transformación en aguas permanentes con fines recreativos. Hoy se consideran unos de los crustáceos más gravemente amenazados. Qué triste pensar que han podido sobrevivir a un sinfín de catástrofes naturales desde hace más de 250 millones de años y que nosotros los estemos forzando a desaparecer por primera vez en las últimas décadas.

Las cochinillas de la humedad son los únicos crustáceos que han renegado del agua y no tienen que volver a ella para poder criar [Henrik Larsson].

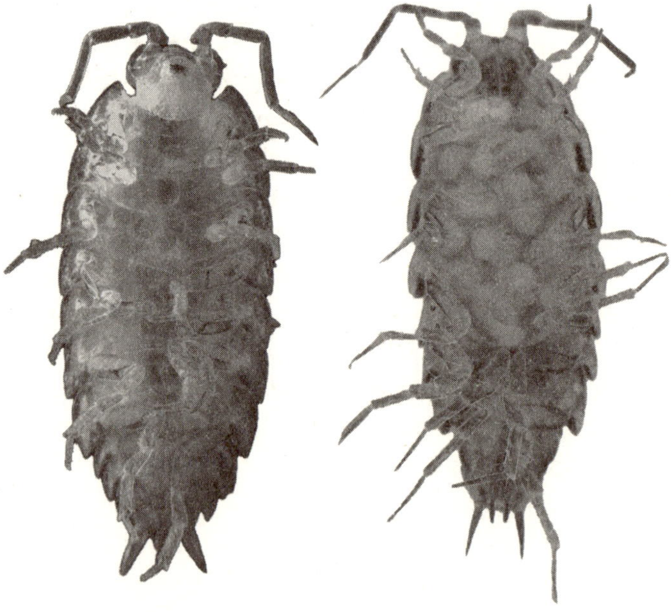

En estos ejemplares de distintas especies podemos apreciar el marsupio cargado de huevos (izquierda) o de juveniles (derecha). Las crías ya nacen completamente formadas y siendo una réplica de sus progenitores [Lluc Garcia].

Para terminar, es necesario hablar de uno de los crustáceos más conocidos. De niño me gustaba tocarlos y que se hiciesen una bola para luego hacerlos rodar por el suelo. Me refiero a unos animales llamados «bichos bola», «cochinillas» o «chanchitos de la humedad». No hay prácticamente ningún ecosistema en el que estén ausentes y, aunque no nos lo parezcan, son crustáceos. Técnicamente son más «cangrejos» que insectos. Se incluyen dentro de los isópodos, crustáceos que engloban muchos representantes marinos y dulceacuícolas. Pero además son oniscídeos, los únicos crustáceos estrictamente terrestres y completamente independientes del agua. Han perdido la capacidad de nadar y la práctica totalidad de especies se ahogaría en un vaso de agua.

Se mueven en la oscuridad, en lugares con un cierto grado de humedad, pues la necesitan para respirar. La hembra ha diseñado una perfecta estrategia para mantener a sus crías sin necesidad de volver al agua. Presenta un marsupio en su parte ventral donde cuidar a sus retoños, como si fuera una canguro. En ese marsupio transporta a su camada flotando en una suerte de líquido amniótico. Así los protege durante los primeros días de vida. Cuando están preparados para ser independientes, los liberan.

Son parientes de los isópodos gigantes del género *Bathynomus*, que a diferencia de sus congéneres nunca tuvieron la confianza para abandonar el mar. De entre todas las especies de cochinillas las hay que aún conservan algo de nostalgia y viven en el borde del mar. Son las denominadas especies halófilas. En este grupo reside la más especial para mí, una cochinilla que bautizamos como *Buchnerillo atlanticus*. La encontré en una de mis muchas expediciones entomológicas en mi tierra natal asturiana. Nada más verla intuí lo especial que podía ser y tras varios años de estudio, un carcinólogo amigo, Lluc Garcia, y yo mismo, pudimos describirla como una nueva especie para la ciencia.

Los oniscídeos se enfrentan a un problema grave. Muchos son tan coloreados que el ser humano ha decidido que se pueden convertir en una espectacular joya de coleccionista. El tráfico de oniscídeos ha llevado a ciertas especies a vivir en terrarios de todo el mundo, mientras que lenta y silenciosamente son extirpadas de sus hábitats nativos, de los que muchos son endémicos. Es una pena que seres tan especiales puedan llegar a estar tan amenazados por el afán coleccionista del ser humano.

Los crustáceos forman parte de nuestro mundo y tienen en su haber algunas de las historias más sorprendentes. Historias de los seres más antiguos del planeta, de apostasías, de parasitismo extremo o de sofisticadas estrategias de caza. Sirvan estas líneas para engrandecer la labor de los carcinólogos y poner en valor a un grupo de artrópodos que siempre ha tendido a dejarse de lado en toda obra de divulgación.

Buchnerillo atlanticus es un oniscídeo halófilo que descubrimos hace pocos años en una playa de Asturias y que hemos descrito en 2022 (García & Robla) [Nacho Noval].

X. LAS MADRES MÁS ENTREGADAS

«Cuanto tengas tu casa harás lo que quieras,
mientras vivas en la mía, harás lo que yo diga».
CUALQUIER MADRE

El ser humano es el animal que durante más tiempo cuida a sus retoños. En el mundo animal pueden existir especies que inviertan muchísimo en cuidar a sus crías, pero desde luego nunca tanto como nuestro caso. Cuando pensamos en el cuidado parental, solemos fijarnos en los vertebrados. Están los marsupiales, como los canguros, que transportan a sus crías en una bolsa durante bastante tiempo para protegerlas del peligro. Podemos pensar también en las aves, creando un nido donde sus retoños van a nacer y crecer. Con gran dedicación les llevarán comida, les limpiarán e incluso les enseñarán a volar en el momento en el que estén preparados para abandonar su refugio. Existen multitud de ranas y sapos que cuidan con auténtica devoción a su descendencia. Ciertamente, podríamos poner miles de ejemplos del mundo animal, en los que unos solícitos padres hacen todo lo posible por sacar adelante a su descendencia. Sin embargo, en el caso de los artrópodos, el número de ejemplos que conocemos de cuidado parental es significativamente menor. ¿Hay seres que se desvivan por su descendencia en el mundo de los invertebrados? Y, si es así, ¿cuánto están dispuestos a hacer por ellos? Conozcamos a algunos de estos progenitores que lo dan todo por sus pequeños.

El ciclo de vida de la mayoría de los artrópodos pasa por distintas fases. Todo comienza con un huevo, del que emergerá un estadio juvenil, bien sea una larva, una ninfa, una náyade o una réplica del adulto, pero de diminuto tamaño. Por lo tanto, padres y madres pueden implicarse más o menos en el cuidado durante una o varias de estas fases. Empecemos pues por los huevos.

En el mundo de los artrópodos existe una gran cantidad de seres que cuidan este primer paso de la cadena de montaje de una nueva vida. Son muchísimas las arañas que trans-

Un ejemplar de *Phyllomorpha laciniata* cargando unos cuantos huevos que, desde luego, podemos confirmar que no son suyos [Simon Oliver].

portan los sacos de huevos de los que emergerá su descendencia. Sin embargo, también existen artrópodos que ponen los huevos donde corresponda, generalmente ocultándolos, y se desentienden, dejando al azar todo lo que con posterioridad pueda pasar. No en vano, muchos son capaces de producir miles de huevos. Puede que un alto porcentaje se convierta en alimento para otros organismos, pero con que unos pocos consigan eclosionar, el esfuerzo habrá merecido la pena. A medio camino entre el azar y el ser un buen progenitor, tenemos un hemíptero muy estrambótico. Su nombre es *Phyllomorpha laciniata.*

Es un insecto tremendamente irregular, ondulación aquí, saliente allá, púa aquí y pelo allá. El resultado es un organismo que se camufla a la perfección como un fragmento de cualquier planta ligeramente seca. Estas chinches viven siempre cerca de su planta nutricia, *Paronychia argentata.* Cuando llega la época de cría, las hembras depositan los huevos sobre dicho vegetal. Intentarán hacerlos pasar desapercibidos como si formasen parte de los estambres de la flor. Ahora bien, cuando hay muchas chinches de su propia especie cerca, su estrategia cambia. Deciden poner los huevos también sobre otros individuos de *Phyllomorpha laciniata.* Imagínate a otra chinche, véase un macho, comiendo tranquilamente cerca de una hembra que está buscando un sitio donde ovopositar. En un abrir y cerrar de ojos, la hembra le coloca un huevo encima y luego, si te ve, ni se acuerda. Podemos encontrar individuos que cargan con todo un arsenal, y otros que llevan un solitario huevo. Lo peor es que, probablemente, dado que una hembra nunca podrá llevar a su propia descendencia, los individuos estarían portando huevos de chinches con las que ni siquiera estarán emparentadas. Sin embargo, lo importante es que los huevos, cargados sobre otros, tienen más posibilidades de sobrevivir. Los adultos constantemente tratan de estar camuflados y de eludir a sus depredadores, por lo que los huevos también se salvan con ellos. Quizás no sean los progenitores más entregados; pero la estrategia les funciona, aunque sea fruto del cuidado de muchos individuos ni siquiera emparentados.

Otro ejemplo de cómo unos devotos padres cuidan a sus huevos nos lo conceden las chinches acuáticas gigantes de la familia de los belostomátidos que también hemos mencionado anteriormente. Estas chinches son una muestra de lo que implica querer que tu descendencia salga adelante. Las hembras, una vez que están preparadas para depositar los huevos, lo hacen sobre los machos. Ellos se colocan como sustrato de ovoposición. Los machos seguirán realizando su vida en la charca, cargando con toda su descendencia. ¿Te los imaginas cazando con semejante percal? Sus huevos deben estar en perfectas condiciones para prosperar. Con sus patas los limpiarán, y tratarán de mantenerlos libres de hongos, así como bien oxigenados. Tal es la dependencia por este cuidado que, si un huevo se cae de la espalda del padre, la probabilidad de que eclosione es prácticamente inexistente. Llegado el momento

Los padres de belostomátidos son muy entregados. Cargan con sus huevos hasta que estos eclosionan [Greg Hume].

de la emergencia, los padres se esconden en algún recoveco, y sus bebés salen al mundo. A partir de ahí tendrán que buscarse la vida por sí mismos, pero al menos han conseguido pasar una primera etapa en la que serían una presa inmóvil y fácil. Y es que si dejas los huevos a su aire estarán expuestos a todo tipo de peligros: hongos, parasitoides o depredadores, inclemencias del tiempo o cualquier otro fenómeno fortuito que pueda echar a perder tu puesta.

Hay otros muchos ejemplos de artrópodos que justo ahora estarán cuidando sus huevos. Sin embargo, en muchos de estos casos, los pequeños seres que emergen quedan completamente solos, y tienen que valerse por sí mismos desde el principio. Así que, demos un paso más para encontrar al progenitor más devoto.

«BÉBETE EL ZUMO, QUE SE LE VAN LAS VITAMINAS»

Si solo cuidas tus huevos, tu tarea se acaba cuando estos eclosionan. Sin embargo, algunos artrópodos son incapaces de dejar a la descendencia a su suerte. Existen muchos insectos que preparan unos nidos perfectamente diseñados para sus retoños. Los llenan de comida, los limpian con recelo y los acondicionan para la emergencia de los huevos. En su gran mayoría, este tipo de estructuras están «pensadas» para que las larvas puedan desarrollarse por sí mismas, con los recursos necesarios hasta la metamorfosis. Quizás sus progenitores no estén ahí, día a día, protegiendo a sus bebés, pero lo hacen de forma indirecta.

Por desgracia, hay padres que tienen ciclos de vida tan cortos que no llegan siquiera a ver nacer a su descendencia. De estos hablaremos en el próximo capítulo. Sin embargo, existen artrópodos que invierten su vida en cuidar a los hijos que sí han sido capaces de ver nacer. En las selvas tropicales de Jamaica, las plantas alcanzan unas alturas considerables. Sobre ellas, un sinfín de epífitas del género *Bromelia* intentan subir en la columna selvática, luchando por un poco de

Las bromelias de las selvas tropicales acumulan agua dada su peculiar morfología. Estas piscinas son usadas por muchos animales, como ranas o cangrejos [J. Joo].

Los cangrejos de las bromelias son crustáceos con un cuidado parental muy desarrollado.

luz. Estas plantas tienen una estructura característica que les permite acumular el agua de lluvia. Se forman así una especie de lagos de un cuarto de litro donde viven unos cangrejos muy especiales del género *Metopaulias*.

Estos cangrejos, como todos, siguen necesitando volver al agua para depositar sus huevos. Sin embargo, también pertenecen al pequeño grupo de crustáceos que repudian el mar. Las hembras seleccionan uno de estos estanques como guardería. Es allí dónde depositarán sus huevos, de los que emergerán las larvas que acabarán desarrollándose hasta cangrejos adultos. Sin embargo, su devoción no acaba ahí. Las madres quieren que todo sea perfecto. Por un lado, controlarán todo aquello que caiga en la guardería, retirando las hojas que se depositen. Limpiarán concienzudamente las paredes de la bromelia. Por otro lado, aplicándose el cuento de «Bébete el zumo, que se le van las vitaminas», dejarán o añadirán conchas de caracol a su caldero, haciendo que se vayan disolviendo. ¡El caldo de cultivo perfecto! Con esto consiguen tanto que su descendencia tenga siempre accesible una fuente de carbonato cálcico para su correcto desarrollo, como que el agua se mantenga constantemente oxigenada. Continuando con su devoto rol de madres, defenderán a capa y espada el habitáculo, expulsando con fiereza a todos los depredadores que traten de acercarse. Blandirá amenazadora sus pinzas para combatir con quien sea. Por último, además de cobijo y protección, se encargará de darles de comer. Para ello cazará presas como milpiés, pequeñas cucarachas o caracoles, que echará directamente en la piscina, para que las larvas puedan alimentarse. ¡Lo que tiene que hacer una madre por ver crecer felices a sus pequeños! Afortunadamente, su período larvario no es tan largo como otros cangrejos, y en apenas una o dos semanas, unos cangrejitos saldrán de su guardería, le darán las gracias a su madre, y se fundirán en la espesura de la selva en busca de su bromelia.

Para conseguir que tu descendencia salga adelante es muy importante crear una vivienda idónea, ya que la casa que prepares puede significar la diferencia entre el éxito o el fracaso. La pequeña piscina paradisíaca de una selva jamaicana puede parecer un hábitat apropiado para crecer. Sin embargo, existen padres que preparan casas que nos pueden parecer completamente inhóspitas. ¿Os imagináis vivir en excrementos inmersos en el estiércol? Este es el caso de los escarabajos peloteros, pertenecientes en su mayoría al grupo de los escarabeidos. Existen muchísimas especies, y cada una prepara su casa de una forma muy especial. Los machos y hembras se emparejan cuando las temperaturas son agradables. Tras ese momento deciden ir en busca de excrementos de animales de mayor tamaño, por ejemplo, mamíferos.

Los escarabajos peloteros preparan bolas de estiércol donde criarán a su descendencia [Jasper Lensselink Photography].

El macho comienza a hacer rodar la bola de estiércol poco a poco, hasta hacerla más y más grande. En ciertas especies la hembra prepara otra, pero en otras simplemente se sitúa sobre la bola, o sigue desde la distancia al macho. Poco a poco su intento de casa va tomando forma. Llega un momento en el que el tamaño es perfecto. La hembra da su aprobación y buscan un recoveco donde poder ocultarla. A veces la entierran. Lo importante es que pase completamente desapercibida. Seguidamente, la hembra deposita unos cuantos huevos en su interior, y su trabajo ya está hecho... ¿o no? Las larvas emergerán, y comenzarán a comerse la masiva cantidad de alimento que tienen a su alrededor. Sin embargo, los padres no desaparecen, se quedarán ahí, protegiendo la bola de estiércol. En este nido se encuentran sus genes, y por ello lo que más desean es que el mayor número de descendientes salga adelante. Solo en el momento en el que las larvas están preparadas para pupar y convertirse en adultos, es cuando su trabajo está realmente hecho, y deciden irse más allá, en busca de alguna ración de estiércol diferente.

No obstante, vivir en excrementos es baladí si lo comparas con otro de los ejemplos más fascinantes de la naturaleza. Ciertos coleópteros que viven en gran parte del mundo tienen unos gustos, digamos... rarillos. Se trata de los escarabajos enterradores de la familia de los sílfidos (Silphidae), entre los que destacaremos a los del género *Nicrophorus*. Su nombre no es fruto del azar. Los machos tienen unos receptores sensoriales muy especializados en las antenas para detectar los gases que generan los cadáveres en descomposición. Da igual lo lejos que haya fenecido el animal, los machos lo encontrarán. Una vez localizado, producirán unas feromonas que atraerán a las hembras. Esto no siempre ocurre así, pero hablaremos de un ejemplo general. La pareja se junta en torno al cadáver, y sobre él, se aparearán. Cuando termina el momento del amor, comienza su tarea más complicada: preparar la vivienda ideal.

En primer lugar, limpiarán ligeramente los restos para que esté en perfectas condiciones. Lo harán cubriéndolo de una serie de sustancias que inhibirán la producción de indeseables olores que puedan atraer tanto a otros escarabajos enterradores como a otros organismos necrófagos. Tras el aislamiento, comienzan a «mover» la casa a un sitio mejor. Para ello, tratan de enterrarlo. Así, si no está a la vista, otros carroñeros de mayor tamaño no podrán expropiarles sus recursos, ni atacar a sus crías. Pero su tarea no finaliza ahí. También lo envuelven en una especie de bolsa que le aporta una capa de protección adicional. Y todo esto lo hacen a una velocidad extraordinaria.

Ciertas especies son capaces de enterrar pequeños ratones en solo medio día. ¿Quién dijo que vivir en el estiércol daba asco? ¿Te imaginas vivir en el interior de un cadáver? Pues así es. Una vez escondido, los escarabajos enterradores ponen los huevos en el interior del muerto. Y no solo no abandonan el lugar, sino que también se meten en el cadáver para estar al lado de su futura descendencia. Las larvas emergerán y comenzarán a alimentarse de los tejidos, órganos vitales y parte de los fluidos internos del animal en descomposición. Las larvas necesitarán más y más alimento, por lo que los progenitores comenzarán a triturar la carne en pudrición, regurgitándoles un fluido nutritivo que les pasa-

Los escarabajos enterradores son especialistas en la localización de cadáveres. Es ahí donde comenzará su momento más importante: la crianza de la prole [Jason Patrick Ross].

rán directamente a su boca. Durante todo este tiempo las larvas van creciendo íntimamente protegidas por sus padres. Estos también son capaces de producir, gracias a unas glándulas antenales, sustancias antimicrobianas que inhiben el crecimiento desmesurado de microorganismos que podrían afectar al desarrollo de su descendencia. Es decir, como si constantemente estuviesen esterilizando el cadáver. El padre y la madre seguirán protegiendo a sus crías hasta el final. Una vez que estas han crecido lo suficiente, abandonan su casa y pupan enterradas. Los nuevos adultos emergerán dispuestos a buscar un cadáver donde poder criar. Completada su misión, los padres abandonarán la carcasa, en busca de otros cadáveres que poder enterrar, o —dependiendo de la longevidad de la especie— morirán.

Sorprendente, cuidar a tus crías en el cadáver de otro ser vivo, de una forma tan devota, hasta el éxtasis. De hecho, los escarabajos enterradores son uno de los principales responsables de la descomposición de animales muertos del planeta. Cuando un organismo perece, da igual cuáles sean sus dimensiones, ahí estarán los escarabajos enterradores, junto a otros tantos sibaritas de la muerte, para cumplir su función.

Los cadáveres proporcionan todos los recursos nutritivos que necesitan, no solo los progenitores, sino también la descendencia de los escarabajos enterradores [Raymond Tercafs].

EL QUE NO LLORA, NO MAMA

Existen otras formas de cuidar a tu descendencia. Pensemos por un momento en los mamíferos y su éxito. Un grupo de vertebrados que ha triunfado, entre otras cosas, por el desarrollo de la lactancia. Las madres proporcionan leche a sus crías. Esta leche es rica en distintas biomoléculas, por lo que la descendencia crece sana y fuerte. Esta estrategia implica un gran gasto energético por parte de las madres, que tienen que estar bien alimentadas, así como en buen estado de salud, para seguir produciendo la leche con la que amamantar a sus crías hasta el destete. Esto es algo característico de todos los mamíferos. E incluso hasta aquellos que podríamos pensar que no maman, «lo hacen». Los cetáceos, como delfines, orcas y ballenas, también producen leche para su descendencia. Ahora bien, ¿esto está en otros grupos?

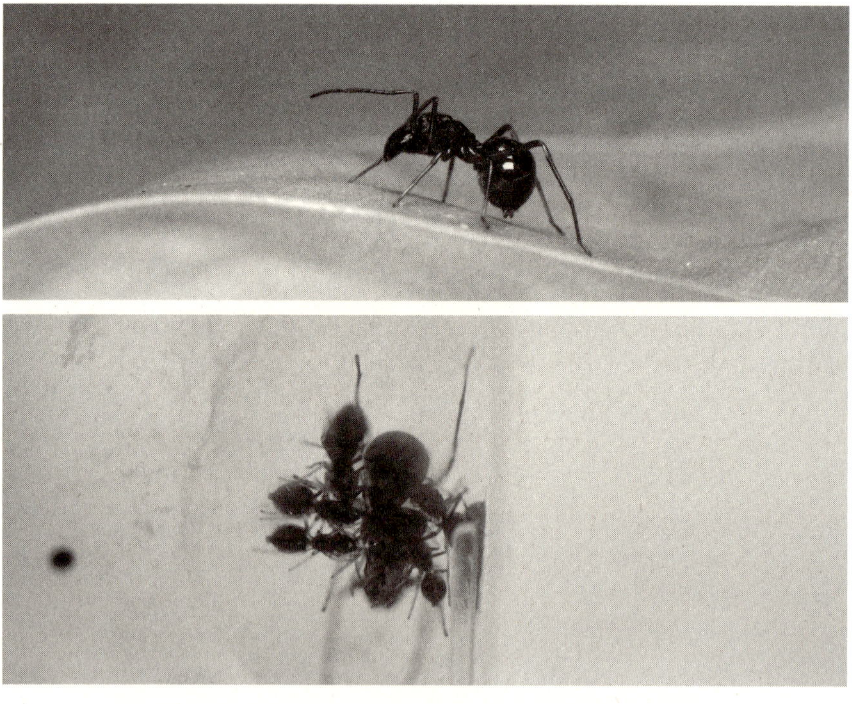

Las hembras de *Toxeus magnus* alimentan a sus crías con un líquido rico en proteínas «similar» a la leche. Un caso único [Zhan-Qi Chen].

Ciertos animales, no mamíferos, han desarrollado cierta forma análoga de producir secreciones similares a la leche que los retoños pueden aprovechar. Entre ellos, una araña. La única araña que amamanta a sus crías. Lo has leído correctamente. Se trata de una araña saltadora que fue bautizada como *Toxeus magnus*. Estas arañas ponen sus huevos en un pequeño nido donde las crías se resguardan. Las hembras tienen en la parte ventral de su opistosoma un surco epigástrico con una finalidad muy especial: producir «leche». Quizás no deberíamos llamarle leche, pero a efectos prácticos cumple la misma función. Las arañas mamá producen una sustancia cargada de azúcares, grasas, y, sobre todo, proteínas. Muchísimas más proteínas que la leche de vaca. Los primeros días las arañitas son incapaces de moverse mucho más que unos centímetros. Por lo tanto, coloca pequeñas gotas de «leche» en su nido para incitar a su prole a que se mueva para sorberlas. Y dos o tres días más tarde, son las arañas las que se suben a la parte ventral de su madre para incitarla a producir estas secreciones de las que alimentarse. Lo que está claro que estas arañas no lloran y, aun así, maman. De hecho, maman durante más de un mes de su madre, que solícita siempre está dispuesta a alimentarlas, con paciencia. Además, estas arañas son caprichosas. Probablemente sean conscientes de que nunca van a encontrar una fuente de nutrientes tan fácil y completa cuando se independicen. Por eso, aunque cuando tienen un mes de vida ya son capaces de cazar por sí mismas, y en efecto lo hacen, siguen acudiendo a succionar esta leche durante un tiempo, hasta que su madre se harta, y las abandona.

¿Te imaginabas una araña amamantando a sus crías? Esto, sin duda, ayuda a desmitificar el típico pensamiento de terror que las arañas suelen infundir. Una vez más, el mundo de los artrópodos nos sorprende con excepciones que nunca nos planteamos que pudiesen llegar a ser reales.

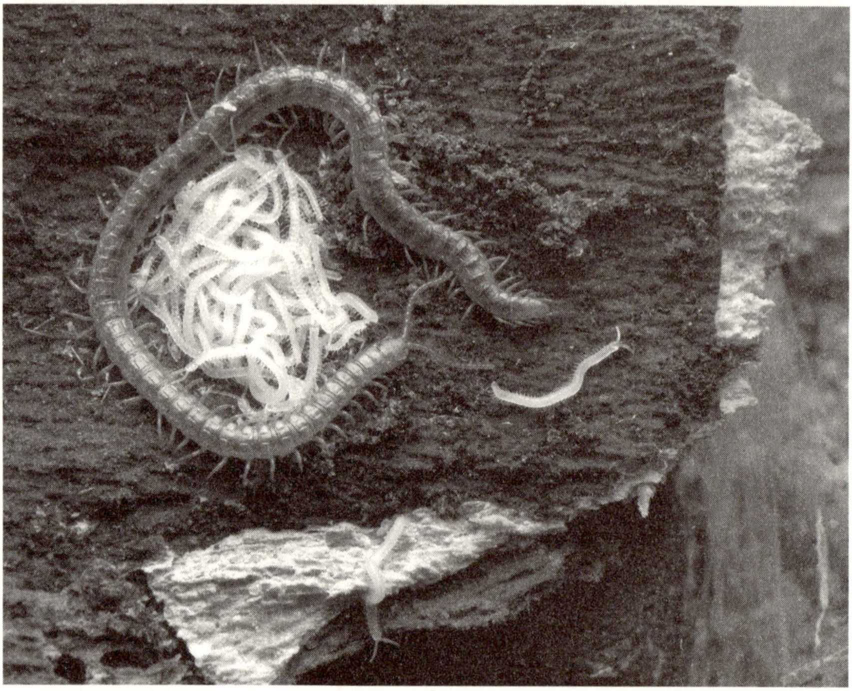

Una hembra de *Geophilus* cuida y protege a su descendencia. Durante las primeras mudas, el cuidado de la madre será esencial para que los jóvenes ciempiés no sean presa de los depredadores [Katja Schulz].

Una madre de escolopendromorfo envuelve sus huevos con su cuerpo.

CUANDO TE TOCA ELEGIR CUÁL ES TU HIJO FAVORITO

Dicen que todas las madres tienen un hijo favorito. En el mundo animal se ha demostrado cómo, a veces, más que favorito, deberíamos decir que existe una cría más espabilada. En un nido, aquel que sea capaz de hacer más ruido y llamar más la atención de sus progenitores, probablemente reciba más sustento y crezca sano, y fuerte. Desde que nacen, todos los animales luchan por obtener el máximo alimento posible de sus padres. Cuanto más grande seas, más posibilidades tendrás de sobrevivir en tu vida adulta. Sin embargo, a veces las cosas se tuercen, y será a la madre a la que le toque elegir cuál es su hijo favorito ante un fatídico desenlace. Veamos algún ejemplo.

Ciertos ciempiés pertenecientes al grupo de los geofilomorfos y los escolopendromorfos presentan un importante cuidado parental. Aunque nos asusten las enormes escolopendras que entran en nuestras casas, las madres más grandes y monstruosas tienen un enorme corazoncito. Cuando están listas para poner sus huevos, estas madres ciempiés los depositan con sumo cuidado en minúsculos huecos, recovecos u orificios del suelo. A continuación, se envuelven en torno a ellos para protegerlos. Durante ese período de tiempo, las madres no comerán, esperando pacientemente el nacimiento de sus pequeños ciempiés. Por desgracia, los miriápodos del grupo de los geofilomorfos son ciegos; por lo que, aunque sus crías nazcan, nunca las verán nacer como tal. Si lo piensas, es tremendamente triste. Cuidar a tu descendencia, pero nunca llegar a verla. No obstante, su atención por sus hijos no acaba ahí. Durante las primeras mudas, las madres seguirán a su lado, limpiándolas y protegiéndolas, hasta que estén preparadas para salir al aciago mundo subterráneo cargado de peligros. Algo que también hacen las tijeretas o dermápteros.

Seguro que todos conocéis a estos insectos tan comunes en los patios de nuestras casas. Se mueven por el suelo, pero también se suben a las flores de nuestro jardín en busca de alimento. Las tijeretas poseen unas llamativas pinzas en su extremo posterior que dan auténtico miedo. Tanto, que han hecho que en ciertas zonas reciban simpáticos nombres como «cortapichas». A mí me gusta llamarlas las reinas del origami. Sus alas están replegadas bajo unas pequeñas piezas acorazadas. Estas son únicas en el mundo de los insectos por su complejísimo patrón de dobleces. Las alas se pliegan una y otra y otra y otra vez, hasta convertirse en un pequeño sobre que queda protegido bajo sus élitros. La gran mayoría de especies pueden volar; sin embargo, no suelen hacerlo —y por eso no solemos ver sus alas—. Prefieren mil veces salir corriendo, así como amenazar con sus grandes y poderosas pinzas. Nosotros no seríamos capaces de tomar un folio del tamaño de sus alas y doblarlo tantas veces como lo hacen ellas.

Las mamás tijeretas prefieren ser unas madres solteras y expulsan a los padres del nido que preparan. Es ahí donde pondrán los huevos que cuidarán con auténtico recelo. Se pasarán el día limpiándolos para evitar que les salgan hongos. Cada huevo puede llegar a ser lamido completamente varias veces el día. También se encargan de controlar la temperatura de los huevos, tapándolos o no. Al mismo tiempo, la hembra los defenderá a capa y espada, incluso si eso con-

Las tijeretas también son unas madres entregadas. Limpiarán a los huevos constantemente para evitar que se contaminen por hongos y esperarán pacientemente la emergencia de sus pequeños [Marshal Hedin].

lleva dar su propia vida. Las pequeñas tijeretas, versiones en miniatura de los adultos, emergen a la semana si las condiciones son favorables. La madre, cuando nota que estas empiezan a salir, las ayuda rompiendo la cáscara de los huevos para que tengan más espacio para asomar su cabecita. Recién nacidos, estos se comen el envoltorio del que salieron y se quedan debajo de su defensora varios días. Ella los alimentará con sustancias regurgitadas que vienen de la materia en descomposición que encuentra en las inmediaciones de su nido. Ante la presencia de depredadores, instintivamente los cubrirá con su cuerpo, para hacerlos pasar desapercibidos. Todo esto se prolongará hasta que las pequeñas tijeretas pasen por dos mudas, momento a partir del cual estarán dispuestas a vivir por sí mismas.

Sin embargo, a veces todo se tuerce, y toca tomar decisiones complicadas que determinarán el futuro de la camada. Las tijeretas cuidan con muchísimo fervor a su prole, siempre que no existan peligros. Pero, ¿y si no hay suficiente alimento? ¿Y si sobreviene una amenaza potencial que implique perder a toda o a parte de tu descendencia? Se ha documentado cómo ciertas especies de tijeretas toman decisiones que pueden hacer que las consideramos malas madres. Si hay un

Los ciempiés, las tijeretas o los escarabajos enterradores, entre otros, matarán a parte de su descendencia si con eso consiguen hacer que la mayoría salga adelante [Tom Oates].

factor crítico al acecho, no dudarán en comerse sus propios huevos, así como a sus propios hijos. Si solo hay comida para alimentar a quince, de nada sirve mantener a treinta jóvenes. Si te comes a la mitad de tus hijos te aseguras tener más recursos para conservar a la otra mitad de tu descendencia. Decisión extraordinariamente complicada que en ocasiones resulta ser la única que puede salvar a tu prole.

Lo mismo podríamos decir de los ciempiés, principalmente los del grupo de las escolopendras. Si sienten una perturbación seria que puede comprometer la supervivencia de su camada, quizás sea mejor comerse a sus bebés, asimilar estos nutrientes y utilizarlos para criar en otro lugar más seguro. Desde luego, es una decisión difícil, pero muy extendida en el mundo de los animales y, por ende, también en el de los artrópodos. De hecho, ¿recuerdas a los escarabajos enterradores que hemos mencionado? Pues también hacen lo mismo. Los progenitores serán capaces de evaluar, una vez emergen las crías, si la disponibilidad del alimento en el cadáver es suficiente para mantenerlos a todos. Si el balance final es que sí, todos serán mantenidos. Pero, si el balance final es que no, los padres se verán obligados a sacrificar a alguno de sus pequeños en pos de la supervivencia de sus hermanos.

Pensemos que todas estas madres y padres lo hacen siempre por un bien mayor, por la supervivencia de la mayoría. Es lo que se conoce como «canibalismo filial» y, para bien o para mal, ha sido un común denominador en la evolución durante cientos de miles de años.

Hemos visto ejemplos de madres entregadas, luchadoras y que tratan de hacer todo lo posible por sacar adelante a sus retoños. Darles de *mamar*, crearles una guardería perfecta, matar por ellos, enterrarlos en un cadáver o sacrificar a alguno de sus hermanos. Muchas de estas prácticas no estarían muy bien vistas en nuestra sociedad, pero sí estando dentro de la ley del mundo de los artrópodos. Sea como sea, recuerda darles las gracias a tus padres por todo lo que hacen por ti. Sirva esta línea final como agradecimiento tanto para mi madre como para mi padre. Aguantarme hablando de bichos todo el día, tiene tela, os lo aseguro. Espero que nunca me comáis...

XI. LO QUE NO TE CUENTAN SOBRE LAS ABEJAS

«Si las abejas desaparecieran del planeta, a los humanos solo nos quedarían cuatro años de vida». Muchos de vosotros habréis leído esta afirmación que erróneamente se atribuye al físico alemán Albert Einstein. No se sabe realmente quién acuñó esta apreciación tan catastrofista, pero que a su vez recoge cierto grado de verdad. No fue hasta 1994 que, en Bélgica, en una protesta de apicultores, se comentó la importancia de estos insectos para la humanidad. Son numerosos los factores que influyen para poder poner un límite realista a la vida de las personas en un mundo sin abejas. El problema es que solemos pensar exclusivamente en una de las especies más utilizada en apicultura, la típica abeja de la miel *Apis mellifera*. Sin embargo, aunque su función en los ecosistemas no es para nada desdeñable, pasamos por alto muchísimos otros participantes.

El grueso de la polinización mundial de todas las plantas que requieren un animal para culminar su ciclo de vida pasa por una gran variedad de insectos, a veces mucho más abundantes y relevantes que las abejas de la miel. Las moscas son uno de esos casos. Aunque nos parezcan pesadas, si no fuese por ellas, multitud de plantas no existirían. También encontramos una gran cantidad de escarabajos florícolas, avispas,

La archiconocida abeja de la miel *Apis mellifera* es una de las abejas más distribuidas y más utilizadas en apicultura [Yod].

mariposas y polillas como protagonistas de este gran servicio ecosistémico. Y es que prácticamente todos los artrópodos y animales que se posan en una flor y toman sus recursos o aprovechan algo de ella —y en esos menesteres tocan el polen— son susceptibles de polinizarla. Así, nos topamos con reptiles polinizadores, aves, mamíferos, e incluso artrópodos que nunca creeríamos que polinizarían las plantas, tales como grillos, hormigas e incluso cucarachas. ¿Y qué me decís del resto de abejas que no son la típica abeja de la miel?

En este mundo existe una enorme cantidad de abejas solitarias que también cargan sobre sus espaldas el peso de la polinización. Decidir si cuatro años es una cifra realista o no se me antoja ciertamente complicado, ya que son numerosos los elementos que forman parte de esta compleja ecuación. En primer lugar, la lista de polinizadores es interminable, por lo que si solo desapareciesen las abejas seguiríamos contando con efectivos, aunque por supuesto muchos menos. Es más, podríamos pensar que aún disponemos de una gran cantidad de alimentos que se obtienen mediante polinización anemófila, es decir, por el aire, como los cereales. Pero realmente el problema debe ser interpretado con una mayor perspectiva, y a mayor escala. La desaparición, no solo de las abejas de la miel, sino de las abejas en general, ocasionaría un desastre secuencial de enorme gravedad. Son alimento para muchos animales, polinizan tanto especies que nos proporcionan recursos tróficos como otras muchas plantas de las que dependen otros organismos y que, por ende, cumplen valiosas funciones en los ecosistemas. Por lo tanto, sin abejas, la humanidad desaparecería (quizás en menos de cuatro años), pero no por falta de recursos —que también—, sino por un colapso de los ecosistemas mucho más serio que no disponer de un puñado de frutas en el supermercado.

Pongamos un ejemplo que evidencia que las perspectivas no son buenas. En la provincia china de Sichuan, la aplicación de pesticidas ha causado una reducción drástica de las comunidades de polinizadores. Tanto que actualmente se contratan polinizadores artificiales, personas que transfieren el polen de las flores masculinas a las femeninas, en las plantaciones de frutales y otros tipos de cultivo. Desolador.

Apis mellifera. Celdillas de cría con huevos y larvas en varias etapas de desarrollo [Marco Maggesi].

Y al hilo de esta noticia, adquieren una gran lógica las siguientes dos iniciativas. La primera pertenece a Eijiro Miyako, un químico que desarrolló un gel absorbente altamente viscoso que, al comprobar su efectividad para atrapar el polen, decidió colgar de diminutos drones que hizo volar de flor en flor en un campo de pruebas. Resulta que funcionó: se consiguió una polinización artificial, y las plantas afortunadas pudieron producir semillas. Por otro lado, también se encuentra el proyecto denominado «RoboBee», de la Universidad de Harvard, que persigue los mismos objetivos: generar pequeños drones voladores completamente autónomos para conseguir, entre otros objetivos, una polinización artificial. Te sonará el último episodio de la tercera temporada de *Black Mirror*, titulado «Odio nacional». En este, unos detectives tratan de localizar al culpable de utilizar una tecnología diseñada por el gobierno para matar gente. ¿Y cuál es esta tecnología? Un auténtico ejército de pequeñas abejas robóticas destinadas a polinizar las plantas de una distópica Tierra en la que se han extinguido la mayoría de sus insectos polinizadores.

Ciertamente no es un problema para tomárselo a la ligera. Sin embargo, de la abeja de la miel al resto de abejas, hay todo un mundo. ¿Conoces la apasionante y secreta vida de las abejas solitarias, que no viven en comunidad? En este capítulo, vamos a conocerlas, mientras reflexionamos sobre la importancia de cuidarlas, así como al resto de artrópodos.

DE «SIBARITAS» A NO HACERLE ASCOS A NADA

Imagínate ser una abeja y tener el mundo entero ante tus patas para elegir el alimento que prefieras. Todos nos cansamos de comer lo mismo varios días seguidos. Así que, si te fijas en cualquier descampado, aparecen cientos de plantas que tienen flores completamente diferentes. No solo de todos los colores del arcoíris, sino también con todos los olores de la perfumería de la naturaleza. Estas plantas proporcionan recursos que las abejas pueden aprovechar, bien sea el néctar —la sustancia azucarada que la propia planta produce en sus nectarios florales para atraer a distintos insectos— o bien sea el polen. Cuando una abeja está recolectando el polen de una flor, ya sea para alimentarse ella misma o para prepararlo para su descendencia, estará cumpliendo una función esencial. Si se mueve a otra planta de la misma especie, podrá ocurrir la transferencia efectiva de polen, y comenzaría el proceso de la fructificación. Es aquí donde entra el fenómeno de la «fidelidad floral».

Muchas abejas solo se posarán sobre flores de la misma especie, similares a las que han visitado en su primer vuelo

La fidelidad por parte de las abejas hacia un tipo de flora es uno de los factores más importantes para que se produzca una polinización efectiva [Dave Massey].

matinal. Piénsalo fríamente. Si tú eligieses constantemente plantas diferentes, estarías transfiriendo el polen entre especies distintas, lo que impediría que se formasen los frutos y las semillas, afectando a la disponibilidad de recursos para el próximo año. Si, por el contrario, eres fiel, te asegurarás de recoger alimento, y además preparas el terreno para que el próximo año siga habiendo recursos. Un trato entre polinizadores y plantas, para asegurar el éxito mutuo. No obstante, no todas las especies lo exhiben de igual manera.

Las abejas de la miel *Apis mellifera* son especies con una importante fidelidad floral. Da igual que la plantación de manzanos esté rodeada por una gran cantidad de flores silvestres más apetitosas. Si las abejas empezaron recogiendo el polen de una flor de manzano, seguirán danzando de flor en flor del árbol, ignorando completamente el resto de especies del banquete floral. Sin duda, esto nos ayuda enormemente para la obtención de cultivos y es, hasta cierto punto, responsable de que existan distintos tipos de miel basados en la mayor proporción de polen de ciertas plantas que han elegido las abejas, como la miel de brezo o la miel de eucalipto. Esto demuestra cómo las abejas no le suelen hacer ascos a nada. De hecho, muchas especies de abejas son denominadas «polilécticas». Son aquellas que se alimentan de una gran cantidad de recursos tróficos: les da igual una flor de amapola que un diente de león. Viajan desde la flor del naranjo hasta la de la alcachofa. Les da igual que sea lino, una *Linaria* o cualquier fabácea. La inmensa mayoría reconocen muchas especies como alimento, y es lo que hace que, en el sinfín del mundo de las flores, ninguna se quede sin su polinizador particular.

Ahora bien, a veces la situación se ve comprometida. Existen plantas que, a lo largo de miles de años, han evolucionado de una forma particular. Bien porque tienen una morfología específica, o emiten un olor muy particular, o su período de floración está muy acotado en el tiempo, o viven en un hábitat muy inhóspito, termina siendo imposible que las abejas generalistas polilécticas se acerquen a ellas. Para estos casos están las abejas «oligolécticas», es decir, que se alimentan de muy pocas especies vegetales. E incluso existen las «monolécticas», que solo son capaces de reconocer como alimento la flor de una única planta. Esto es especialmente común en ciertos grupos de abejas de la familia de los andrénidos, los melítidos o los megaquílidos. Imagínate una planta remota y amenazada, a punto de desaparecer, que depende enteramente de una única abeja capaz de polinizarla. Si desaparece una, desaparecerá la otra. Y así, en este equilibrio, aunque las especies oligolécticas o monolécticas se aseguran de tener un recurso único y específico que nunca suele fallarles, si esta interacción se rompe, todo saldrá mal.

Esto es lo que le ocurre a un andrénido del norte de América llamado *Anthemurgus passiflorae.* Se trata de una especie capaz de alimentarse únicamente de la flor de la pasión amarilla *Passiflora lutea.* Sin embargo, aunque la abeja dependa enteramente de la planta, la flor de la pasión amarilla es visitada por otros polinizadores. Y menos mal, porque la abeja monoléctica que la necesita para subsistir recoge el

La *Passiflora lutea* sirve de exclusivo alimento a *Anthemurgus passiflorae* [P. Rojo].

polen de una forma muy particular, pues apenas contribuye a polinizarla. Aunque estas relaciones puedan parecer frágiles en ambas direcciones, es común que las abejas más generalistas polinicen a las plantas más especialistas. De la misma manera, ciertas especies de abejas monolécticas solo aprovechan los recursos de ciertas especies vegetales que también utilizan un sinfín de polinizadores más.

En este mundo de la alimentación de las abejas solemos pensar solo en polen o en néctar, pero, hay algunas especies, como las del género *Macropis* dentro de los melítidos, que han desarrollado una estrategia muy especial. Las hembras de este género presentan unos pelos especializados en sus escopas, que son los órganos de las patas con los que las abejas acarrean el polen. Con estos son capaces de recolectar los aceites esenciales de las flores del único género del que se alimentan, las *Lysimachia*. Estos los mezclarán con el polen que también recolectan, lo que les permitirá crear un recurso nutritivo perfecto para su descendencia.

Las escopas de las hembras de *Macropis*, situadas en el tercer par de patas y que se ven de un color más claro, están especializadas para recoger aceites esenciales de las flores que visitan [Dick Belgers].

Pero, ¿y si más allá de este mundo tan colaborativo decidieras no ayudar a la planta a seguir existiendo año tras año? No lo pienses como algo extremo, sino como algo ocasional que también ocurre. Muchas especies de abejas, y en particular de abejorros, son unos ladrones tanto de polen como de néctar. Quizás en numerosas ocasiones sí que polinicen las plantas que están visitando. Pero, a veces, deciden actuar más bien como ladrones. Los abejorros localizan los nectarios florales en las flores que están visitando. Generalmente estos están situados detrás de las anteras, de forma que, para obtener el premio, deben pasar por los estambres cargados de polen. Pues bien, existen numerosas flores tubulares, entre otras, en las que los abejorros practican una pequeña incisión en la parte final de la flor, a la altura del nectario, y le extraen este elixir azucarado sin siquiera participar en su polinización. Y es que, incluso hay especies de abejas que, incapaces de morder las flores de esta manera, aprovechan los agujeros que han preparado otros ladrones para robar también.

Además, ciertas abejas dentro del grupo de los halíctidos, pero también abejorros e incluso la típica abeja de la miel, a veces se acercan a flores inmaduras, aún cerradas. Muerden la parte más externa de las mismas, buscando una vía de entrada. Cuando lo consiguen, entran, y se alimentan del polen todavía inmaduro e incapaz de cumplir su función. De esa forma,

Ciertas abejas practican incisiones en las flores tubulares aún no abiertas para alimentarse del polen inmaduro [Katja Schulz].

en las posteriores visitas a otras plantas no habrá polinización. Sin embargo, estos ejemplos de pequeño robo no son nada comparado con todo lo que les ayudan en su día a día.

En este punto, es interesante destacar ciertas especies que también han ido un paso más allá del recurso trófico por excelencia de las abejas, el néctar y el polen. Se trata de tres especies de abejas buitre del género *Trigona.* Estas desdeñan completamente el polen, aunque ocasionalmente pueden recoger algo de néctar. Sorprendentemente se alimentan de carne en descomposición. Localizan cadáveres de otros pequeños animales, penetran en su interior a través de los ojos, y comienzan a masticar parte de dicho contenido. Como quien almacena el polen, guardan la carne en putrefacción en su buche para transportarla con ahínco a su nido. Viven en sociedad, y con la ayuda de las obreras trasformarán este alimento en unas secreciones que utilizarán para alimentar a las larvas. Y, aunque no es miel de flores, se parece a ella. Si lo piensas, es escalofriante, miel de cadáveres. Es más, hay gente que se plantea cultivar esta «miel» para venderla, pues es comestible. Las abejas no producen mucho, y por lo tanto el esfuerzo para obtener un pequeño tarro es inconmensurable. Por eso, se acabaría vendiendo como un auténtico producto de lujo. Me pregunto si, en la etiqueta, incluirán algo del tipo: «miel de ciervo muerto, con tintes de paloma y gorrión». Reitero, escalofriante.

Las abejas buitre son las únicas abejas que, en vez de polen o néctar, prefieren ir en busca de carne en descomposición para alimentar a su descendencia [José Reynaldo da Fonseca].

Panales de una colmena silvestre [Kuttelvaserova Stuchelova].

REINAS DE LA ARQUITECTURA

Todos tenemos en mente la típica colmena apícola. Miles de abejas viviendo en sociedad. Trabajando unidas por un único fin: sacar adelante a su descendencia y mantener su linaje. La división en castas es algo muy importante dentro del mundo de los himenópteros, y uno de los fenómenos de la naturaleza más estudiados. A este tipo de vida se le denomina «eusociabilidad». Una reina es la que se encargará de poner huevos, que serán cuidados por otras abejas, como auténticas niñeras. Sin embargo, en la propia colmena también habrá obreras que se dedicarán a ir en busca de recursos alimenticios, defensoras de la colonia y otras funciones menores. Por último, en ciertas épocas del año se desarrolla una casta de machos reproductores, los zánganos, que se encargarán de fecundar a las princesas que ansían ser nuevas reinas y fundar un imperio. Evidentemente es una visión muy sencilla de un modo de vida altamente complejo, que también encontramos en algunos abejorros, avispas, hormigas y otros himenópteros. Pero esto no es lo común. La gran mayoría de abejas que se conocen son solitarias. Son trabajadoras incansables tratando de sacar adelante, por sí solas, a su descendencia. Y, además de ser solitarias, cuando las conoces, te das cuenta de que son auténticas reinas de la arquitectura.

Seguro que alguna vez has visto pequeños montoncitos de tierra, más o menos suelta, en el suelo. Eso es porque una importante cantidad de abejas son fosoriales. Entre ellas, podemos mencionar a la familia de los andrénidos o los halíctidos. Las hembras de esta familia buscan zonas donde la tierra es apropiada y comienzan a excavar, sacando tierra poco a poco, trabajando durante todo el día, sin descansar. Primero hacen un largo tubo relativamente profundo. Después comienzan a preparar otras estancias. Crean bifurcaciones del conducto principal, destinadas a ser cámaras de cría. También se dedican a recoger polen y algo de néctar de las flores que encuentran cerca de su nido. A veces son capaces de volar bastante lejos con tal de encontrar recursos, y aun así vuelven y encuentran el pequeño agujero en el suelo

Existen muchas abejas solitarias que hacen sus nidos bajo tierra. Son de ellos de los que emergen, año tras año, las nuevas generaciones [Hpared].

Las abejas carpinteras del género *Xylocopa* son de gran tamaño, bastante llamativas y prefieren hacer sus nidos en la madera en vez de en el suelo [Media Ja].

que ellas mismas han excavado. Poco a poco comienzan a llenar las cámaras con una mezcla de polen y néctar, perfectamente preparada para ser un alimento altamente nutritivo. Cuando una cámara tiene ya suficientes recursos, la hembra pone un huevo, y sella la estancia, para que así ningún depredador sea capaz de entrar. De esta forma, las larvas emergen de los huevos y tienen todo un festín a su alrededor para crecer durante un tiempo gracias a su dedicada madre. Finalmente, puparán bajo tierra, y en la próxima estación saldrán de la red de túneles como una nueva generación de abejas, dispuestas a seguir construyendo casas subterráneas de alta complejidad.

En ocasiones, estas casas subterráneas necesitan ser impermeabilizadas, tarea en la que participan activamente las abejas solitarias, mediante secreciones especializadas que generan. Pero, en otros casos, existen nidos donde las galerías son más rígidas y aparentemente más protegidas. Este es el caso de las conocidas como abejas carpinteras del género *Xylocopa*. A efectos prácticos, hacen lo mismo que las anteriores. Sin embargo, la principal diferencia es que son capaces de perforar la madera para crear cámaras grandes, cómodas y voluminosas, dispuestas para albergar un huevo que se convertirá en un adulto de gran tamaño como ellas.

Otras especies que han ido más allá en este tipo de nidos son, por ejemplo, las que pertenecen a la familia de los colétidos. La gran mayoría también hacen nidos en el suelo, en zonas donde la tierra es fácil de excavar, y habilitan cámaras de cría con alimento. Pero, además preparan una secreción con la que tapizar internamente toda la cámara, sirviendo como protección, impermeabilización y, en ciertos casos, como soporte estructural. Por ello, las especies de este grupo reciben nombres tan particulares como abejas del poliéster, del celofán, yeseras, etc. Las distintas especies son capaces de secretar gracias a sus glándulas diversos tipos de sustancias para tapizar las estancias de su nido. La compleja arquitectura del interior de las cámaras con estas sustancias es sorprendente, un ejemplo más de su gran capacidad técnica.

En el mundo hay más de dieciséis mil especies de abejas, aunque cada día que pasa se descubren más y más. Unas

Vista de las cámaras de cría de abejas solitarias. Se observa como las cámaras se llenan de polen y secuencialmente se sellan. Cada cámara contiene un único huevo [Lcrms].

Los nidos subterráneos de muchos colétidos son tapizados con distintos tipos de sustancias químicas para darles estructura e impermeabilización [Paul Reeves].

excavan sus nidos en el suelo, otras en la madera. Pero existe una abeja muy especial capaz de excavar otro material. En ciertas zonas de centro y Sudamérica vivían los anasazis, indígenas que llegaron a construir estructuras sorprendentes de varias alturas debajo de abrigos rocosos; auténticos pueblos excavados en la arenisca, únicos en todo el mundo. Pues en el desierto de San Rafael en Utah (Estados Unidos) descubrieron una abeja del género *Anthophora* que excavaba sus nidos en las rocas. Las *Anthophora* se acercaban a la arenisca cargando agua en su buche para reblandecer el sustrato rocoso y así crear pequeños agujeros. Vuelo tras vuelo de la fuente del agua al nido, y con mucho tesón, las abejas conseguían excavar unas cámaras perfectas donde depositar tanto el alimento como los huevos. Esta abeja estaba utilizando las mismas técnicas para trabajar que la antigua cultura anasazi. Incluso llegaron a encontrar algunas de estas anidando en pueblos del Parque Nacional de Mesa Verde. Por ello la bautizaron con el nombre de *Anthophora pueblo*, en honor a esta cultura también denominada en inglés *Puebloans*. Hoy se sabe que no son las únicas, existiendo otras especies como *A. peritomae* que siguen la misma estrategia.

Las *Anthophora peritomae*, como las *A. pueblo*, realizan sus nidos en las rocas de arenisca. Para ello, las reblandecen transportando previamente agua [Michael Orr].

Existen muchos megaquílidos que tapizan sus nidos con trocitos de hojas que cortan con suma precisión [Norjipin Saidi].

Pero este complejo mundo de la arquitectura no termina ahí. Si no que se lo digan a las abejas cortadoras de hojas, emplazadas en la familia de los megaquílidos. Las más conocidas pertenecen al género *Megachile,* y tienen una distribución bastante cosmopolita. Estas abejas preparan también cámaras como en el caso de las anteriores abejas, a veces excavando o aprovechando pequeños recovecos en la naturaleza. Lo más importante es su estrategia para impermeabilizar las cámaras y prevenir la desecación del alimento. Una vez que llenan la cámara de comida y depositan un huevo, la sellan. Simultáneamente se dedican a cortar trozos de hojas de distintas especies de plantas. Las muerden, formando pequeños círculos perfectos, sin necesidad de usar un compás. Transportan este material con sumo cuidado al nido y envuelven completamente cada cámara con ellos. Una vez se secan las hojas, evitarán la pérdida de humedad del interior.

Dentro de este grupo de los megaquílidos, las hojas no son los únicos materiales con los que se tapizan los nidos. De hecho, las abejas del género *Anthidium* son un poco más selectas, y prefieren elegir algo más difícil de obtener. Los pelos y tricomas de los vegetales. Estas buscarán plantas peludas y comenzarán a «depilarlas», formando grandes bolas de pelo que se llevarán al nido para tapizar las distintas cámaras.

No en vano, también hay especies que utilizan pelo de otros animales para tapizar sus nidos. No sería raro ver una abeja robando hilos de lana de una oveja para construir su casa. Aunque, si tuviésemos que elegir el ejemplo de la arquitecta de la estructura más bella, tendríamos que recurrir a las conocidas como abejas albañil, otros megaquílidos que pertenecen al género *Osmia,* entre otros. Estas no excavan sus propios nidos, sino que buscan nidos abandonados por otras abejas para hacerlos suyos. No obstante, también seleccionan cualquier cavidad que encuentran en la madera, ramas u otras estructuras. De entre todas estas abejas, existe una muy especial: *Osmia avosetta.*

Esta abeja vuela en Turquía e Irán. Como todas las que hemos mencionado, prepara su nido dividido en cámaras que llena de comida. Cada cámara con un único huevo, que crece de forma independiente. ¿Y cómo prepara la envoltura externa? Poéticamente se dedica a recoger pétalos de flores de distintos colores que va uniendo para crear una estructura protectora que constituye una joya arquitectónica y artística de increíble belleza.

Una vez me preguntaron, ¿y cómo es que, si el nido tiene una única salida, son capaces de salir las abejas? Pues bien, es común que en las primeras cámaras que fabrican, en la parte más profunda, se depositen huevos que dan lugar a hembras y en las últimas cámaras se ponen huevos de machos. Los machos tienen un período de desarrollo más corto, por lo que suelen ser los primeros en emerger. Una vez lo hacen, se quedan cerca de los nidos, esperando pacientemente la emergencia de las hembras. De esta forma cada uno de los tabiques va siendo destruido por la abeja que está inmediatamente por encima, y solo deben atravesar el suyo propio para ver por primera vez la luz del sol. Un ejemplo más de cómo las abejas, además de artistas y expertas en arquitectura, son capaces de optimizar todo su sistema para que funcione a la perfección. Y nosotros buscando un vídeo tutorial para construir una mesa de Ikea… cuánto nos queda por aprender.

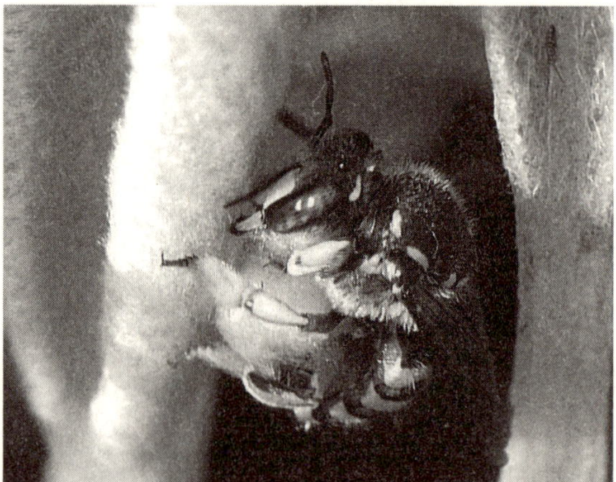

Otros megaquílidos, como los del género *Anthidium*, tapizan sus nidos con los *pelos* que arrancan de algunas plantas [Ilona Loser].

De entre todos los casos de complejas casas que las abejas solitarias son capaces de fabricar, debo destacar mi favorita. Es elaborada por los megaquílidos del género *Rhodanthidium*. Son conocidas como abejas rojas de los caracoles, y su nombre no deja indiferente a nadie. Mientras el resto de especies tratan de buscar recovecos, troncos que perforar, piedras de arenisca, o la propia tierra que excavar, estas abejas buscan conchas de caracoles vacías donde protegerse de las inclemencias temporales o simplemente para pasar las noches. Y siendo este un sitio perfecto para resguardarse, ¿por qué no construir tu casa dentro de esta otra casa? Una vez que localizan la concha vacía de un caracol de cierto tamaño, se meten en su interior y empiezan a acumular el alimento —el polen y néctar recolectados por las hembras—. Cuando han depositado el suficiente, ponen un huevo, y sellan la concha. Para ello introducen pequeñas piedras, arena, u otros utensilios naturales, tapizando completamente la entrada. La larva se desarrolla dentro de esa otra casa, comiendo el alimento disponible. No será hasta que se lo haya comido todo que pupe y acabe emergiendo como un adulto dispuesto a ser un malacólogo experto.

Desde luego, en un mundo donde las posibilidades de anidamiento son enormes, no está de más ser original. Y es que no solo las abejas del género *Rhodanthidium* han decidido disfrutar de estos alojamientos tan prácticos y ubicuos. Existe una pequeña araña caracolera endémica de Madagascar, *Olios coenobitus*, que también quiere tener una casa tan rococó. Es por ello que busca conchas de caracoles varadas en el suelo de las zonas áridas de la isla que habita. Cuando localiza una que le gusta, comienza una impresionante empresa. Mediante una tela que va tejiendo lentamente, hace levitar la concha —como si la hubiese colocado en un montacargas— hasta la parte alta de una planta. Se ve obligada a subir y bajar multitud de veces para tirar de sus hilos de seda y así llevarla hasta lo más alto. Cuando llega a una rama, le dará unas cuantas vueltas más para estabilizarla correctamente y se introducirá en su interior. En el extenuante calor de su hábitat, y frente a la amenaza de desecación, tendrá una casa que le dará protección, le permitirá pasar los momentos más difíciles del día y, desde la que tendrá una mejor visión para capturar a sus presas. ¡Fácil! La próxima vez que te topes con conchas de caracol, ¡quién sabe! Igual ves salir o entrar a una abeja o cualquier otro ser que ha decidido emplear este resto natural como su propia casa.

Aunque podrían parecer otra cosa, las *Nomada* son abejas cuco cleptoparásitas [Marián Álvarez].

De forma generalizada, las abejas mencionadas hasta ahora son solitarias. Las hembras se aparean y trabajan completamente solas durante toda la vida. Las hay que son ligeramente gregarias, y hacen nidos unas cerca de otras. Con esto pueden tener una mejor visión ante la presencia de depredadores, e incluso hay especies que llegan a implicarse en una primitiva forma de división de trabajo. Visto todo esto no podemos decir que las abejas no sean unos animales trabajadores. Prácticamente todas se pasan el día recogiendo polen y néctar para su descendencia. Intentan hacer lo posible por crear la casa perfecta con el alimento más nutritivo. Pero ¿y si todo lo que has hecho no sirve para nada? Imagínate dedicar tu vida a cumplir un propósito que, al final, sea un completo fracaso.

Por desgracia, en el mundo de las abejas no todas son legales. El parasitismo de cría ha evolucionado en incontables ocasiones en el linaje de los himenópteros, lo que ha hecho que multitud de abejas tengan otra estrategia particular. Una vez que se aparean, estas mentirosas hembras se dedican a alimentarse de néctar. No presentan escopas, por lo que son incapaces de recoger el polen y, por lo tanto, no estarían preparadas para construir un nido. Aunque, ¿realmente lo necesitan? En un inmenso vergel floral, las abejas parásitas, denominadas también abejas cuco, están siempre al acecho.

El término correcto sería «cleptoparásitas». Aunque se estén alimentando, siempre están mirando por encima de los estambres de las flores en las que están posadas. Buscan una abeja solitaria, una trabajadora incansable. Cuando la localizan, empiezan a seguirla, pero desde la distancia. Hacen como que no la miran. Simplemente vuelan cerca y se posan en otras flores, para pasar desapercibidas. Total, es una más. Cuando la trabajadora ha recogido suficiente alimento, se dispone a llevarlo a su nido. En ese momento la abeja cuco inicia la persecución, medio oculta, intentando no ser localizada. La abeja solitaria llega a su nido, y se introduce en él. La abeja cuco aprovecha para esconderse cerca. Ya solo necesita ser paciente. El tiempo que haga falta.

La abeja solitaria acaba de depositar los recursos y sale otra vez, en busca de más alimento para seguir sellando galerías. En ese instante, la abeja cuco entra en el nido, coloca un huevo en la cámara abierta y escapa sin dejar rastro. La abeja solitaria seguirá trayendo alimento, y cuando acabe depositará su huevo y sellará la cámara. Por desgracia, todo el trabajo le va a servir de poco. La larva de la abeja cuco emergerá antes, y comenzará a zamparse todo el polen. Es más, si no ha emergido, también se comerá el huevo de la otra abeja, o incluso la larva. Con una voracidad insana se hará con la cámara y, aunque la abeja solitaria siga pensando que ha hecho bien su trabajo, en el fondo sustenta un engaño. Lo que finalmente saldrá del nido es una abeja cuco destinada a ser una parásita de abejas.

Unos de los pocos megaquílidos cleptoparásitos son los del género *Coelioxys*, abejas cuco con un aspecto muy llamativo [Marián Álvarez].

Ciertamente, abejas cleptoparásitas, hay muchísimas. Son cleptómanas de nidos, así como del trabajo de otras abejas solitarias. Algunas presentan unas coloraciones hermosas. Además, muchas de estas especies de abejas son especialistas en robarle el nido solo a un tipo de abejas concreto. En este grupo se encuentran las abejas de la subfamilia de los nomadinos, emparentados con las abejas de la miel, pero también las conocidas como abejas de sangre del género *Sphecodes* dentro de los halíctidos, o unos megaquílidos muy especiales denominados *Coelioxys*.

De entre todos los himenópteros cuya vida es parásita, uno de los más asombrosos es el abejorro ártico de Groenlandia, Escandinavia y Rusia. Se llama *Bombus hyperboreus* y su técnica es aún más peculiar. Las reinas de esta especie han perdido la capacidad de producir obreras, por lo que no pueden formar una colonia por sí mismas. Este abejorro busca otras especies del género *Bombus* estrechamente emparentadas con ella en las zonas árticas. Una de las grandes damnificadas es *Bombus polaris*. Una vez que una reina localiza una de estas colonias comienza la historia de terror. La reina de *B. hyperboreus* entra en el nido mostrando gran agresividad, llega hasta la cámara donde vive la otra reina y la asesina vilmente. Una vez está ahí y tiene el monopolio, esclaviza químicamente a toda la colonia, mediante la producción de feromonas. Los abejorros se desorientan y acaban sirviendo a la usurpadora, cuidando de sus huevos, que darán lugar a toda una casta de reinas y machos dispuestos a seguir perpetuando su estrategia esclavista. Esta estrategia de usurpación y esclavización de la casta obrera está bastante extendida entre otros abejorros y grupos de himenópteros, como las hormigas esclavistas. Estas hacen auténticas incursiones hacia otros hormigueros, pero en este caso con la finalizad de secuestrar obreras que poder llevarse a su nido en el que trabajarán para ellas. La trata de himenópteros está a la orden del día, y desde luego, traidores ha habido siempre en todos los lados.

Algunas flores se cierran sobre sí mismas al caer la noche. Esta es la cama ideal que escogen muchas abejas solitarias para pasar la noche [Nicola Simoncini].

LAS ABEJAS MÁS DIFÍCILES DE VER

Durante el día podemos ver las abejas buscando los recursos entre las flores. De hecho, el 99 % de las abejas conocidas son diurnas. Cuando cae la noche, todas se retiran a dormir. Las que son eusociales se resguardan en sus colonias; las que son solitarias, buscan otros sitios donde pasar la noche. Algunas lo hacen en sus propios nidos, otras se esconden bajo la madera, o entre las ramas de los árboles. Muchas se duermen en las propias flores. Las hay que se introducen en la parte más profunda de los botones florales, para dormir resguardadas del frío. Algunas incluso aprovechan el interior de jacintos, orquídeas u otras plantas que tienen cierta forma de campana o paraguas para resguardarse de la lluvia. Las hay que se anclan a la vegetación con sus mandíbulas, y se dejan mecer por el viento.

Sin embargo, no existen muchas abejas que vuelen de noche. Únicamente el 1 % son abejas crepusculares, o eminentemente nocturnas. Entre ellas, destacan las del género *Megalopta,* halíctidos que han decidido recoger el polen al caer el sol. Es el momento en el que comienza su actividad pues ya no habrá abejas con las que competir. Presentan unos ocelos y unos ojos compuestos que, lejos de parecerse a los del resto de abejas, son hasta treinta veces más sensibles a la luz. Así, solo con la luz de la luna, y guiadas también por el olor, son capaces de localizar las flores en completa oscuridad para recoger los recursos que llevar a los nidos que construyen en cavidades de la madera muerta.

Existen más especies crepusculares o ligeramente nocturnas, como las del género *Ptiloglossa,* que además obtienen el polen que necesitan mediante zumbidos. Suelen visitar flores tubulares en las que el polen se encuentra fuertemente adherido a las anteras. Una vez llegan a la flor, comienzan a vibrar con energía, para conseguir que el polen se caiga. Es como si estuviesen vareando un árbol, pero a su manera. Y es que, incluso algunas abejas carpinteras como *Xylocopa tranquebarica* de Tailandia realiza cortos vuelos nocturnos para recoger recursos, especialmente en las noches de luna llena.

Otra integrante de este grupo de abejas que he llamado como abejas más difíciles de ver es un andrénido conocido como *Perdita minima*. Ya su nombre da pistas de lo difícil que puede llegar a ser verla; se trata de la abeja más pequeña del mundo. Vive en el suroeste de Estados Unidos, es solitaria y no mide más de dos milímetros. Dos escasos milímetros. Sin embargo, son unas trabajadoras incansables. Construyen sus nidos en el suelo, excavando, y los llenan con polen y néctar procedente de plantas de la familia de las euforbiáceas. Y es que a pesar de que, a veces, los granos de polen de alguna planta llegan a ser tan grandes como ellas, estas abejas están capacitadas para transportarlos con unas escopas perfectamente preparadas y una fuerza descomunal. Pueden llegar a cargar varias veces su peso con néctar y polen con la única finalidad de hacer menos viajes. No obstante, te diré que no es el insecto más pequeño del mundo, aunque este récord

La *Perdita minima* es la abeja más pequeña del mundo. Sin embargo, su fuerza es titánica y transporta grandes cantidades de polen a su nido en cada uno de sus viajes [KRHick].

lo ostenta otro himenóptero. Una minúscula avispa parásita denominada *Dicopomorpha echmepterygis*. Los machos de esta especie son la avispa menos avispa que existe, sin alas, sin ojos y sin las estructuras que nos recuerden a un insecto. Y es que, aunque puede crecer algo más, se han encontrado ejemplares de menos de 140 micras, es decir, 0.14 milímetros. Imaginad entonces el tamaño de los huevos o las larvas. Casi nada.

El siguiente miembro escogido va a romper totalmente tus esquemas. Se conoce como la abeja gigante de Wallace o *Megachile pluto*, y es un megaquílido de Indonesia que ostenta el título de ser la abeja más grande conocida, con más de 63 milímetros en su haber. ¡Seis centímetros de pura abeja! Presenta unas mandíbulas fuertemente desarrolladas, al más auténtico estilo de un ciervo volante. Pero, ¿cómo puede ser que la abeja más grande del mundo sea de las abejas más difíciles de ver? Alfred Russel Wallace la recolectó en 1858 por primera vez. Cuando la describió un entomólogo inglés, Frederick Smith, se la dedicó, y de ahí su nombre común. Sin embargo, hasta 1981, la especie desapareció completamente. Durante todo ese período de tiempo intentó localizarse sin éxito, e incluso llegó a plantearse que estaba extinta y que Wallace tuvo la suerte de encontrar los últimos ejemplares vivos sobre la faz de la Tierra. En 1981, Adam Catton Messer encontró algún que otro macho y hembra, y comentó que esta especie era endémica de tres pequeñas islas indonesias. Las halló viviendo cerca e incluso dentro de nidos de termitas, lo que le llamó poderosamente la atención. La deforestación avanzaba poderosamente en las islas, lo que provocó que de nuevo desapareciera durante multitud de años.

¿Se habría extinguido esta vez? Se catalogó como vulnerable, y se trató de encontrar a toda costa, sin éxito. «¿Cómo puede ser que la abeja más grande del mundo se nos esté escapando?», criticaban algunos de los científicos que fueron en su búsqueda. No sería hasta 2018 que volvió a ser encontrada de nuevo. Un total de dos ejemplares. Esto habría sido una noticia ejemplar para la ciencia si no fuese por el contexto en el que se hallaron. Estos insectos se estaban vendiendo *online* a compradores anónimos que querían incorporar esta rara especie en sus colecciones entomológicas. Una de estas abejas llegó a venderse por más de ocho mil euros, mientras que la otra superó los tres mil seiscientos. Estamos hablando de la abeja viva más grande de todo el mundo, pero también una de las abejas más difíciles de ver. Da igual que se hagan expediciones a las zonas donde técnicamente vive, no se encuentra. Resulta triste y enervante que dos de los pocos ejemplares que se conocen hayan sido objeto de una subasta destinada a coleccionistas. El último contacto con esta especie fue en 2019 en un nido de termitas. El fotógrafo Clay Bolt pudo verla en estado salvaje, filmarla y finalmente liberarla.

Cada día que pasa, quizás la abeja gigante de Wallace esté más cerca de desaparecer. ¿Qué sentido tiene que esas abejas estén ahora en colecciones privadas de compradores anónimos que solo quieren tener una de las grandes joyas del mundo de los himenópteros muerta de risa en su casa?

Uno de los ejemplares de *Megachile pluto,* la abeja más grande del mundo, conservada en un museo de historia natural [Naturalis Biodiversity Center].

Posiblemente llegará el día en que por mucho que se intente buscar, ya nunca se vuelva a encontrar.

No es desconocida nuestra situación actual de emergencia climática global. Vivimos lo que se conoce como la «gran crisis de los polinizadores». Las abejas están desapareciendo, pero, por desgracia, el resto de polinizadores tampoco se queda atrás. En los últimos años muchas abejas solitarias han sido reevaluadas y clasificadas como en peligro de extinción. Cada vez son más las abejas que sufren la deforestación, la destrucción del hábitat, la aplicación desmedida de fertilizantes químicos y pesticidas, la eliminación de recursos tróficos, los eventos climáticos catastróficos, la falta de agua o el incremento de las temperaturas. Está en tus manos, en las mías y en las de todos que *Megachile pluto*, así como todas las abejas que aún hoy vuelan en la Tierra puedan seguir volando por muchísimos años más. No querría que llegase el día en que el campo esté lleno de abejas robóticas intentando hacer aquello que unos preciosos duendes de la naturaleza hacen de la forma más perfecta.

Cyclommatus elaphus, Indonesia.

XII. EL AMOR DE DIOS POR LOS COLEÓPTEROS

«Solo puedo decir que Dios
tenía una afición desmesurada por los escarabajos»
JOHN BURDON SANDERSON HALDANE

«En algún lugar del mundo, un hombre con un distinguido y poblado bigote paseaba de lado a lado en una estancia poco iluminada. Aún no lo sabía, pero pasaría a la historia como uno de los mayores genetistas y biólogos evolutivos del siglo veinte. El estudio de la naturaleza estaba en pleno apogeo. La clasificación de las especies se había convertido en una pieza clave para desentrañar los misterios de la vida. Muchas personas realizaban expediciones en busca de organismos ignotos con la única finalidad de darles nombre y describirlos. Las colecciones también se convirtieron en una pieza clave durante esta fiebre. Y él, entre otras cosas, era un ferviente entusiasta y estudioso de la naturaleza. De repente, la puerta de la estancia en la que reflexionaba se abrió de par en par. Un hombre, creyente en Dios, entró paseando tranquilamente, con los brazos ocultos entre sus anchas mangas. Iba cavilando algo en su cabeza. Se acercó al señor del poblado bigote y le preguntó: "Quería preguntarle, ¿qué conclusiones esbozaría de la naturaleza del creador y del estudio de su obra?". El hombre dejó de atusarse el bigote y lo observó, impertérrito. Se dio media vuelta, dio dos pasos y

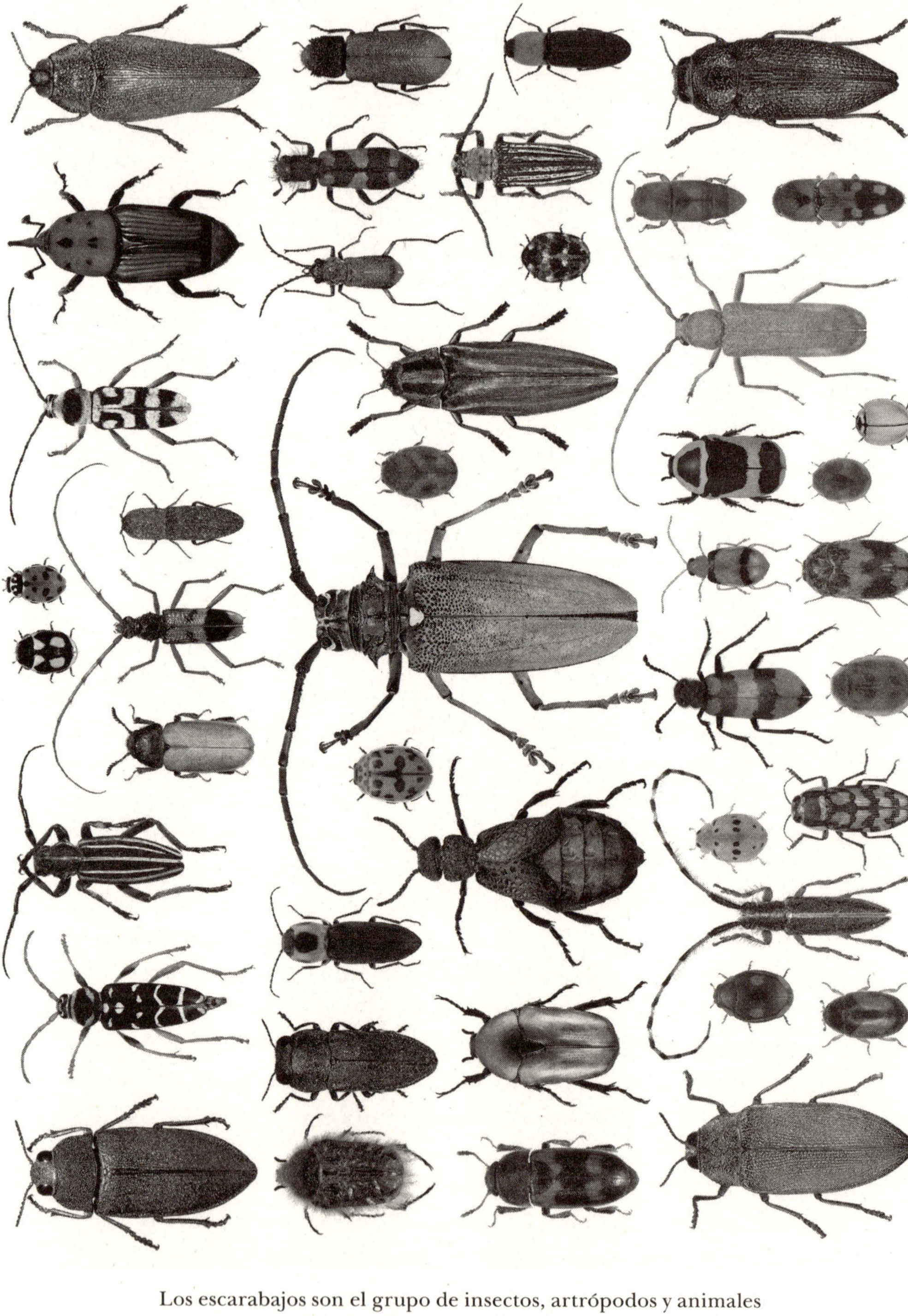

Los escarabajos son el grupo de insectos, artrópodos y animales con mayor número de especies descritas [Protasov AN].

levantó una mano en la que solo un dedo estaba extendido. Esbozó una sonrisa y se volvió a girar hacia el monaguillo y le dijo: "Que, desde luego, tenía una afición desmesurada por los escarabajos". El joven teólogo lo miró con suspicacia. El tipo del bigote esbozó una sonrisa. Era uno de los mayores científicos evolutivos de sus tiempos: John Burdon Sanderson Haldane».

He añadido un poco de teatralidad a esta historia tan célebre que aún sigue en debate sobre quién fue su protagonista, aunque la hipótesis más aceptada es que la frase se atribuye a Haldane. Los coleópteros, como hemos mencionado, son el grupo de artrópodos más abundante, suponiendo hasta el 40-50 % de los insectos descritos. Y, de entre todas las formas de vida animal que se encuentran en el planeta, suponen entre el 25-30 % de las conocidas.

Su nombre, que significa algo así como «alas endurecidas», hace referencia a que todos tienen las alas cubiertas por unos estuches endurecidos, los élitros, que no deja de ser el otro par de alas transformado para cumplir una función protectora. Y cómo los seres más exitosos no iban a tener historias que contar. Recuerda su capacidad para robarle agua al rocío, para emitir luz o resistir la congelación, engañar a las hormigas, ser tus compañeros de piso, bucear o ser unos padres tremendamente entregados, aunque algo raros. Pues esto es solo la punta del iceberg en cuanto a las historias que contar. ¿Nos lanzamos a conocer un poco más a los seres favoritos de Dios?

¡BOMBAS Y SANGRE!

Los escarabajos han colonizado, con la excepción de las regiones más polares y los océanos, todos los ecosistemas del mundo. Y, como en cada uno existe un peligro diferente, desarrollar estrategias de defensa es tremendamente importante. Muchas especies han perdido, de forma secundaria, la capacidad de volar. Se han convertido en silenciosos habitantes del suelo. Entre la hojarasca, bajo piedras y, en general, bajo nosotros, viven estos integrantes de la familia de los carábidos. Cuando no puedes huir por el aire, es importante tener un plan B que sea útil para no ser la presa de cualquier otro animal. Es lo que han hecho ciertos integrantes de varias tribus, como la de los Brachinini. Estos se han ganado el nombre de «escarabajos bombarderos» por su peculiar estrategia.

En general son depredadores. Dotados de unas fuertes mandíbulas, persiguen con tesón a otras presas de menor tamaño a las que trituran e ingieren. Pero, ¿qué hacer cuando viene a por ti algo mucho más grande? En su abdomen guardan un arma. Tienen una cámara de guerra dividida en dos cavidades, repletas de dos compuestos químicos muy específicos: el peróxido de hidrógeno y la hidroquinona. Ambas cavidades no están en contacto y, por lo tanto, ambos componentes se mantienen separados, sin mezclarse. Pero, como le osen atacar... ¡bomba va! En un abrir y cerrar de ojos abren sus compuertas haciendo que ambas sustancias se mezclen en una cámara común conectada a una abertura de su abdomen. Estos compuestos químicos reaccionan y producen una potente explo-

Los escarabajos bombarderos presentan una imponente arma química capaz de derribar hasta el más grande de sus depredadores [Kasira Suda].

sión química con la que rocían a sus verdugos. Lo que sale de su abdomen es tremendamente irritante y tóxico. De hecho, también se defienden de los entomólogos más intrépidos que intentan darles caza para estudiarlos. Su bombardeo químico es extraordinariamente irritante para los ojos.

Puede ser que existan coleópteros que te ataquen con sofisticados métodos químicos de defensa. Otros simplemente intentarán morderte con sus potentes mandíbulas. Las *Cicindella,* son un ejemplo. Conocidas como «tigres del desierto», estamos ante escarabajos tremendamente veloces capaces de recorrer grandes distancias en pocos minutos. Si un depredador osa capturarlas, la fuerza de su mordisco actuará sobre ellos. Doloroso, sin duda. Sus mandíbulas son una complejísima obra de ingeniería con un potente armazón, preparado para hacer el mayor daño posible. Otros

Las mandíbulas de las *Cicindella* son extraordinariamente fuertes y sus mordiscos muy dolorosos.

carábidos, por el contrario, prefieren optar más por la maña que por la fuerza. *Badister pictus* es un carábido de la tribu Licinini cuyas mandíbulas se han transformado en un abrelatas. Con dos mitades asimétricas que le permiten hacer palanca, es capaz de perforar las conchas de los caracoles de los que se alimenta. Yo que tú, no trataría de agarrarlo: perforar está a la orden del día para poder escapar.

Sin embargo, otros escarabajos optarán por una estrategia más cautelosa. Diversas familias de coleópteros han preferido disuadir a sus depredadores de una forma ¿particular? No sé si conocéis la lagartija cornuda texana, *Phrynosoma cornutum.* Es un lagarto muy popular en los documentales de zonas desérticas. Cuando esta especie se siente amenazada lanza un chorro de sangre por sus ojos. Algunos coleópteros tienen una estrategia similar. Se les denomina «escarabajos sangrantes», y existen representantes dentro de la familia de los meloideos (como los del género *Berberomeloe*) o los crisomélidos (destacamos a los del género *Timarcha*).

Ciertos escarabajos, como los *Berberomeloe,* son capaces de «sangrar». La hemolinfa, mezclada con otras sustancias, tiene un toque amargo que disuade a los depredadores [Agorca].

Generalmente herbívoros, pasan el día tranquilamente devorando las hojas que tienen más accesibles en el suelo, pues, en su mayoría, no vuelan. Eso sí, son presa fácil, y algunos son un suculento bocado que poder llevarse a la boca. Cuando comienzas a manipularlos, el miedo recorre todas sus estructuras corporales, y, en un instante, comienzan a *sangrar.* Todos estos escarabajos presentan pequeñas glándulas u orificios, generalmente en la base de las patas, por las que son capaces de exudar parte de su hemolinfa mezclada con sustancias de desecho y algunos compuestos tóxicos. Este exudado sabe mal, ocasionalmente tampoco huele bien y, además, es ligeramente irritante. ¿Acaso te comerías algo que está liberando un exudado desagradable por todo su cuerpo?

CUANDO LA RANA ES UN PARQUE ACUÁTICO

Las cadenas tróficas de los sistemas acuáticos son extraordinariamente complejas. Entre todos sus miembros, los artrópodos ocupan una posición clave. Muchos son activos depredadores de otros organismos, pero también son la presa de unos cuantos vertebrados. En el caso de los coleópteros acuáticos, las ranas son uno de sus principales enemigos. Su extensible lengua pegajosa está preparada para capturarlos y muchos escarabajos acaban siendo presa del voraz anfibio.

Regimbartia attenuata —que pertenece a la familia de los hidrofílidos (Hydrophilidae)— pasa el día nadando, secuestrando burbujas de aire, en busca pequeños seres a los que apresar con sus patas para devorarlos. Sin embargo, cuando ven una rana, se ponen extraordinariamente nerviosos. Y es que las ranas van directamente a por ellos. Son tremendamente abundantes y, por lo tanto, un bocado fácil de obtener. Un escarabajo emerge a inspirar un poco de aire y, durante una fracción de segundo, ve una larga lengua saliendo propulsada en su dirección. Siente el impacto pegajoso y acaba en la boca de la rana. Esta, satisfecha, se lo traga entero. *Regimbartia attenuata* se desliza por el aparato digestivo hasta caer en un caldo ácido que tiene como objetivo digerir los animales que su portador ha capturado. ¡Pero que no cunda el pánico! A este escarabajo no le importa eso. Su fuerte coraza protectora lo hace casi invulnerable a los ácidos gástricos de las ranas. Mientras ve a otros compañeros artrópodos como mariposas, chinches y libélulas ahogarse y morir quemados vivos por el ácido, él mantiene la calma. Respira y transforma a la rana en un auténtico parque de atracciones acuáticas.

Con sus patas delanteras comienza a deslizarse por todo el tubo digestivo, como si fuese un largo tobogán. Este trayecto no es lo que se dice corto, pudiendo llegar a durar más de seis horas de subidas y bajadas, curvas y explanadas, en las que a veces el escarabajo tendrá que hacer todo lo posible por arrastrarse. Sin embargo, su tesón, su perseverancia y su astucia ganan la partida. Acaba llegando a la cloaca, pero la puerta está cerrada. Ve la luz al final del túnel, pero quedarse más tiempo aquí puede ser peligroso. No se sabe cómo, pero es capaz de estimular los esfínteres de las ranas de forma que incita a estas a defecar. Aunque teñido, el escarabajo vuelve a acabar en el agua.

Más del 90 % de los escarabajos que se han estudiado en un experimento de laboratorio han salido intactos del cuerpo de las ranas. Es una pena que las ranas que se alimentan de ellos no sean transparentes, por lo que no podemos seguir el movimiento de este animal a lo largo de todo su cuerpo. Este coleóptero supone el bastión último de la resistencia a la depredación. En fin, los hay que transforman en un auténtico *aquapark* cualquier cosa que se encuentren, hasta a su mismísimo depredador.

LOS COLEÓPTEROS DEL *ANIMAL CROSSING*

Dentro del mundo de los coleópteros, no hay nada imposible. De hecho, Nintendo, la empresa japonesa de videojuegos, siempre ha estado muy bien informado en materia de escarabajos. En 2001 salió a la venta la primera entrega de *Animal Crossing*. Pronto se convertiría en una saga muy famosa que salvaría a más de uno durante el asolador confinamiento que se vivió en 2020. En este juego eres un tranquilo habitante de un pueblo o isla, con vecinos que son animales antropomórficos, que tendrá que llevar a cabo distintas misiones. Una de ellas es completar la colección de un museo, catalogando la biodiversidad de animales, generalmente peces y artrópodos, que viven en tu rinconcito.

Curiosamente, *Animal Crossing* se ha convertido en una herramienta divulgativa impresionante. Os sorprendería cómo muchas de las personas que me rodean conocen ciertos escarabajos (u otros artrópodos) solo porque salen en ese juego. Además, no en vano, utilizan nombres correctos para describirlos e incluso te cuentan curiosidades sobre ellos. Personalmente yo también soy fan de esta saga, y mi parte favorita es completar el museo. Es como el culmen de todo biólogo de campo o naturalista que se precie. Pues, entre las largas filas de coleópteros que han salido representadas en esta saga, algunos son sencillamente impresionantes o cuentan con algunos récords que no pueden no quedar escritos entre las páginas de este libro.

Libro oficial de actividades de *Animal Crossing New Horizons*, de Nintendo.

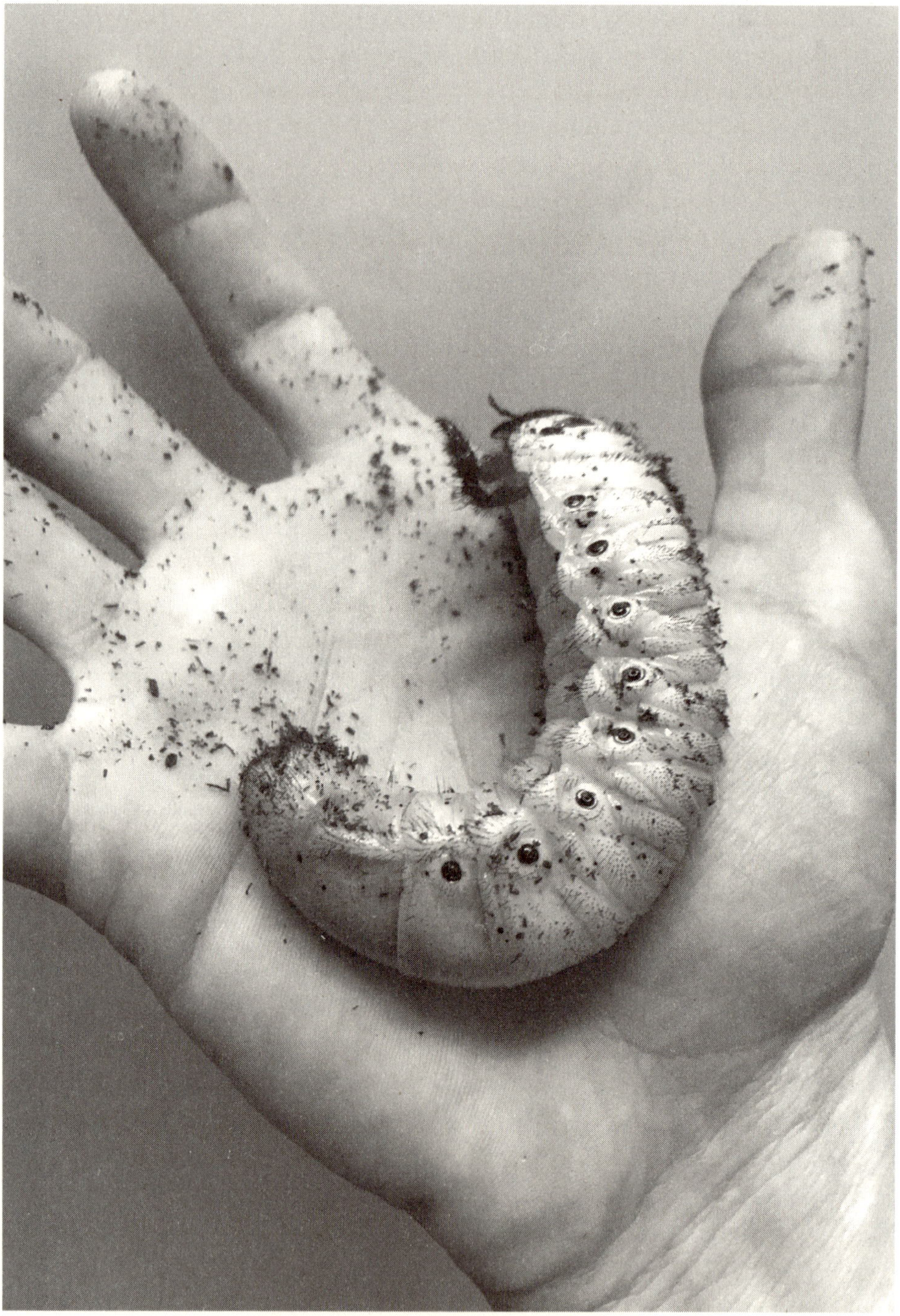

Larva del escarabajo hércules [Nick626].

¿Conocéis al escarabajo hércules o *Dynaster hercules*? Estamos ante un escarabajo tremendamente masivo. Habitante de las selvas tropicales de América, este coleóptero no deja a nadie indiferente. Presenta un cuerno larguísimo que utiliza para batallar con otros machos y que le otorga el título de ser uno de los escarabajos voladores más grandes del mundo, de hasta algo menos de dieciocho centímetros. Una hazaña hercúlea, aunque, por desgracia para su nombre, no es el más poderoso. Estos escarabajos son capaces de levantar varias veces su peso corporal, pero más allá de su nombre, si levantasen tanto peso, serían incapaces de moverse. El título de Hércules le pertenece más bien a algunos escarabeidos como ciertos *Onthophagus,* que son capaces de levantar más de mil veces su peso corporal. ¿Te verías a ti mismo levantando varios autobuses al mismo tiempo? ¿O haciendo malabares con varios coches? Pues estos escarabajos, salvando las leyes de escala, son capaces de levantar el equivalente a varios vehículos, como si nada. Tiene que ser difícil llamarse Hércules y ser vencido por un escarabajo pelotero.

Ahora bien, si nos ponemos puristas, ¿cuál es realmente el escarabajo más largo de todo el mundo? La pregunta se responde con: «según desde donde lo midas». Si bien es cierto que el hércules tiene unas dimensiones colosales, si le quitas el cuerno, se queda en nada. Es por eso por lo que los escarabajos titán del género *Titanus,* dentro de la familia de los priónidos, son los que ostentan el récord del cuerpo más grande, casi diecisiete centímetros de corpulencia. Sin embargo, son escarabajos inofensivos que se defienden emitiendo silbidos o vibrando para asustarte. Otros quizás no tengan esos cuernos, pero si cuentas las mandíbulas hiperdesarrolladas del escarabajo dientes de sable *Macrodoncia cervicornis,* vuelves a tener otro récord de casi dieciocho centímetros. Que cada uno elija a su vencedor.

Entre el código de este juego, también figuran otros representantes como el escarabajo elefante *Megasoma elephas,* que ostenta el título de ser uno de los escarabajos más pesados del mundo. O los conocidísimos escarabajos Goliat del género *Goliathus,* que ostentan el récord de los insectos más «voluminosos». Sus colores, pero sobre todo su tamaño, muchas

Titanus giganteus. Los escarabajos del género *Titanus* se cuentan entre los que tienen el cuerpo, sin contar apéndices, más grande del mundo [Peter Muckstein].

veces mayor que nuestra propia mano, han hecho las delicias de muchos entomólogos de todo el globo terráqueo. No obstante, los ejemplos no se acaban ahí.

A lo largo de las interminables horas de juego podemos hacernos con un sinfín de coleópteros de impresionantes mandíbulas, entre las que también se encuentra un representante europeo, el ciervo volante *Lucanus cervus.* Muchos de estos masivos coleópteros presentan unos apéndices bucales completamente hipertrofiados y transformados en armas de batalla. Es increíble observar, en las selvas tropicales, los bosques u otros ecosistemas, las luchas encarnizadas entre estos escarabajos, con la única finalidad de acceder a la oportunidad de reproducirse. Chocan entre sí, provocando un fuerte chasquido que podemos oír, a veces, desde varios kilómetros de distancia. Pero, por desgracia, esto entraña un problema difícil de arreglar. Muchos son incapaces de alimentarse adecuadamente. Si tu boca no está preparada para comer, no te queda otra que jugártela todo a una carta. Las larvas se pasan su vida comiendo, atesorando recursos tróficos suficientes para que cuando sean adultos no necesiten alimentarse. Así es que muchas especies de escarabajos de estos grupos vivirán poco más de una o dos semanas, dedicándose a expulsar del cuadrilátero a todos los contrincantes que puedan, y no parando ni un mísero momento para comer. ¡Dulce contradicción!

Llegados a este punto, existen coleópteros que no son tan llamativos por tener unas dimensiones colosales. El equipo de Nintendo suele elegir especies grandes y voluminosas, algunas extraordinariamente coloridas como los escarabajos joya de la familia de los bupréstidos o con extrañas morfologías como los escarabajos violín del género *Mormolyce.* Ahora bien, me gustaría hacerles una petición. Existen escarabajos que pasan completamente desapercibidos, pero que, sin duda, tienen una historia muy interesante. Por ejemplo, los escarabajos de la especie *Scydosella musawasensis* son tan diminutos que son incapaces de verse a simple vista. Miden solo 0,3 milímetros y se alimentan de hongos. Son tan invisibles que le pasaron completamente desapercibidos a sus descubridores. Aunque, quizás este no sea el mejor ejemplo

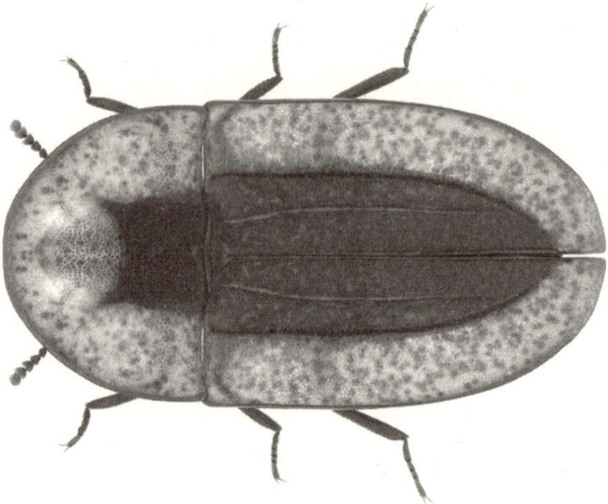

Los escarabajos semillas son una proeza biológica tanto de las dimensiones como del camuflaje. Quién diría que son coleópteros y no semillas [Alslutsky].

Un macho de *Trachelophorus*, uno de los escarabajos más estrambóticos que existen. Estos largos cuellos se utilizan como armas de batalla entre machos de la misma especie [H. Helene].

para incluir en un videojuego en el que uno de tus objetivos es cazarlos a todos. ¿Y no incluiríais, acaso, a los escarabajos semilla del género *Cossyphus*? Estos pequeños escarabajos propios de ciertas regiones euroasiáticas y africanas baten el récord de ser uno de los coleópteros más planos. Su estrategia es pasar desapercibidos como una semilla depositada en el sustrato. Son tan planos que cuando se miran de frente, es como si estuvieses viendo un animal en dos dimensiones. Ser capaz de meter todos los órganos vitales en un cuerpo que casi solo tiene una dimensión es una tarea solo para el más hábil de todos los relojeros. Y, sin embargo, ahí está.

En materia de escarabajos peculiares que podrían llamar la atención de cualquier persona, los de la familia Psephenidae tienen un sistema de camuflaje perfecto. Pueblan todos los continentes con la excepción de la Antártida. Los adultos son terrestres, no comen casi nada y tienen una vida muy corta. Su vida transcurre esencialmente en el agua, como larvas. Su morfología es extraordinariamente particular, haciéndoles merecedores del nombre «peniques acuáticos». Muchos son completamente esféricos, y vistos desde fuera del agua se parecen a las monedas que alguien ha tirado a una fuente para pedir un deseo. Su camuflaje es tan perfecto que, en las regiones que habitan, existen testimonios de personas que se han lanzado a por ellos pensando que eran monedas de verdad. La sorpresa, huelga decirlo, es mayúscula cuando la recoges y comienzan a moverse en tu mano.

También sería interesante introducir a ciertos escarabajos de la familia atelábidos (Attelabidae). Entre todos sus representantes, existe una jirafa en miniatura. Hablo de *Trachelophorus giraffa*, un escarabajo endémico de Madagascar que tiene una forma extrema. Los machos presentan un largo cuello completamente doblado que les da un aspecto que, lejos de parecer aterrador, es hasta simpático. Sin embargo, ellos lo que intentan es intimidar a sus rivales. Y si esto no funciona, los machos se enfrascarán en una acalorada batalla en la que se golpearán con sus cuellos, e incluso se enrollarán y darán vueltas sobre sí mismos. En cada batalla siempre hay una hembra que hace de árbitro. Evalúa los movimientos de los combatientes y acaba declarando un vence-

Machos de *Lucanus cervus* luchando. Los escarabajos de gran tamaño utilizan sus cuernos, mandíbula u otros apéndices para luchar por las hembras [Petr Muckstein].

dor, que será el que merezca aparearse con ella. Una vez que sucede el emparejamiento, la hembra, cuyo cuello nada tiene que ver con el de los machos, trepa a lo alto de la vegetación y comienza a preparar su nido. Con la ayuda de sus mandíbulas, pero también de su cabeza, enrolla una hoja cualquiera para formar un tubo. Este tubo será la envuelta protectora que encerrará su preciado tesoro: sus huevos. Cuando ha completado la creación de su nido, introducirá un único huevo en su interior, cortará la hoja, la dejará caer al suelo, y seguirá su ardua tarea de crear una casa especial para cada uno de sus futuros descendientes.

¿No son esto ejemplos sobresalientes para ser incluidos en futuros juegos? Si te pones a escarbar en el mundo de los coleópteros encontrarás todas las historias imaginables. Pensándolo bien, incluir en un juego más de cuatrocientas mil especies haría que nos quedásemos casi sin código de programación…

EL ESCARABAJO DE LAS LLUVIAS

Los coleópteros tienen una vida difícil. Son tantos, tan nutritivos y tan abundantes que son una presa deseable, por eso algunos pasan casi toda su vida ocultos en forma larvaria. Algunas especies pueden estar más de diez años enterradas o escondidas en el interior de la madera, alimentándose pacientemente y esperando el mejor momento para salir al exterior como imagos. De entre todos, quizás unos de los más fascinantes sean los conocidos como escarabajos de las lluvias, de la familia pleocómidos (Pleocomidae), aunque su clasificación taxonómica aún está discutida. Las larvas son capaces de pasar años enterradas. ¿Os imagináis estar trece años bajo tierra? Cuando se han alimentado lo suficiente y no pueden crecer más, pupan. Los escarabajos que emergen excavan hasta las partes más superficiales y se quedan esperando. Aguardan la lluvia, quizás una tormenta prolongada. Cuando la presión baja y empieza a olerse el petricor, da inicio una carrera trepidante. Las hembras se asoman desde sus madrigueras, ya que no pueden volar. Comienzan a emitir feromonas para atraer a los machos. Estos aprovechan la humedad para extender sus alas y comenzar a volar buscando activamente a las hembras con las que poder aparearse. Tras la cópula, la hembra se vuelve a enterrar, pone sus huevos y perece. Lo más sorprendente de estos escarabajos es su inestimable paciencia, ya que son muchos los factores que deben alinearse para que puedan volar —a veces sus poblaciones solo están activas uno o dos días al año—. Verlos volar es un buen indicador de que las lluvias serán copiosas. Un escarabajo que solo vuela en los días de lluvia. ¡Menuda estampa!

EL ESCARABAJO INDESTRUCTIBLE

Un día, mientras estás de vacaciones, decides visitar un museo de historia natural de entre todos los que están repartidos por el mundo. En la sección de entomología, si es que la tienen, encontrarás multitud de artrópodos perfectamente montados y expuestos. Esto se hace mediante la punción con un alfiler en una zona concreta de su cuerpo, el centro de masas, de forma que quedan completamente estáticos una vez que se han secado. Sin embargo, entre interminables cajas de coleópteros, te encuentras uno que está directamente pegado con cola a una superficie de papel. Es el único que no tiene un alfiler atravesándolo de lado a lado. Y se debe básicamente a que no se puede hacer, al menos de forma fácil.

Es un zoférido (Zopheridae) de la especie *Nosoderma diabolicum*, conocido como escarabajo diabólico acorazado. Lo cierto es que es inofensivo, así que su nombre no le hace justicia. Vive en algunos desiertos de América del Norte donde se alimenta a base de hongos que crecen en la madera en descomposición. Entre sus desgracias, ha perdido la capacidad de volar. Sus élitros se han sellado completamente. Pero, ha ido más allá. Las capas que protegen a su cuerpo están subdivididas en varias cutículas con una estructura extraordinariamente compleja. En base a la repetición de polímeros de quitina con otras moléculas, su estructura es de lo más resistente que existe. Tanto, que le ha dado el título de indestructible. Puedes tratar de pisarlo, pero nunca serás capaz de matarlo. De hecho, puedes intentar pasar por encima de él con un coche o un autobús. Tampoco le harás el más mínimo rasguño. Somos incapaces de atravesar su coraza con un simple alfiler. Necesitarías aplicar un nivel de fuerza tan alto que solo sería accesible con cierta maquinaria pesada que hará que te rindas. Prepararlo para exposición tiene que ser exasperante. Y es que, por mucho asco que te den los insectos, a este es imposible destruirlo de un zapatazo.

Estamos ante el escarabajo más resistente de toda la Tierra. Su estructura le permite disipar cualquier aplicación de fuerza sobre él, distribuyéndola por todo su cuerpo, haciéndolo casi invencible. Es sorprendente pensar por qué un escarabajo acabaría siendo así, cuando no hay nada en su hábitat que pueda aplastarlo con tanta fuerza. Solo nosotros, con la tecnología, seríamos capaces de aplicar la fuerza suficiente para lograr resquebrajarlo. Pero creedme, la empresa sería titánica y los medios necesarios inmensos.

El escarabajo diabólico no tiene nada de maligno. Simplemente es un escarabajo extraordinariamente resistente que, entre otras cosas, es capaz de resistir el paso de un camión por encima de él sin inmutarse.

No hace falta decir que este escarabajo ha revolucionado el mundo de la ingeniería y la tecnología. Si se consiguen desentrañar sus secretos más profundos, podríamos plantearnos la construcción de estructuras casi indestructibles. ¿Os imagináis la creación de viviendas con materiales imposibles de fracturar al aplicarles mucha fuerza? ¿O ropa que nos salvase de un susceptible desprendimiento al comportarse como un escudo? Las posibilidades son inmensas, y mientras muchos científicos tratan de preguntarle al escarabajo cuál es su secreto, él solo se afana en decir: «no sé qué deciros, solo lo hago, es fácil». Quizás por eso sea diabólico, por no contarnos como lo hace, pero el título de indestructible se lo ha ganado a pulso.

Si juntásemos todos los ejemplos del libro hasta ahora… ¿llegaríamos a hablar de veinte o treinta especies de escarabajos? ¿De más de cuatrocientas mil? Yo me sumo a la teoría de Haldane. Desde luego Dios ama a los coleópteros.

Hay miles de especies de coleópteros, pero todas se caracterizan por un par de alas endurecido (élitros) que cubren el par de alas membranoso para volar [U2M Brand].

XIII. EL CAJÓN DE SASTRE DE LAS PREGUNTAS SIN RESPUESTA

A lo largo de cientos de años, se han publicado extensos tratados de entomología que han tratado de dilucidar todo aspecto relacionado con la vida de los insectos y del resto de artrópodos. Sin embargo, como dijo el escritor italiano Giovanni Papini, hasta las ciencias más adelantadas están saturadas de misterios y de preguntas sin respuesta.

En el mundo de los artrópodos también existen multitud de misterios que aún están pendientes de ser resueltos, algunos incluso los has ido viendo entretejidos en las páginas de este libro. Asimismo, hay preguntas a cuya respuesta ya nos hemos aproximado. Si la vida de los artrópodos te ha llamado alguna vez mínimamente la atención, seguro que te has hecho preguntas. Acerca de comportamientos, relaciones entre especies, sonidos, aspectos, etc. Desde luego, de entre todas las capacidades del ser humano, la más maravillosa es la curiosidad. El mundo natural es apasionante y no hay nada en él que no tenga una razón de ser. Algo bien distinto es que la conozcamos. Es por eso por lo que la curiosidad es tan importante.

Este capítulo ha sido destinado precisamente a eso, a ser una especie de cajón de sastre en el que trataremos de dar respuesta a algunas de las preguntas que de manera recurrente me han ido planteado. Espero que encuentres aquí la réplica a cuestiones que en alguna ocasión te surgieron; o, que como mínimo, consiga sorprenderte con alguna explicación que nunca te hubieses planteado.

¿TIENEN TANTAS PATAS LOS MILPIÉS?

La evolución ha actuado de manera escandalosamente caprichosa en el arte de inventarse animales. La imagino pensando: «aún me quedan unas mil extremidades que adjudicar». A las serpientes no les puso ninguna, y a los milpiés les puso las que le sobraba. Curioso nombre el de los «milpiés». Pertenecen al grupo de los miriápodos. ¿Recuerdas qué englobaba? Por un lado, están los paurópodos, cuyo nombre significa algo así como «pobres en pies», por lo que, no se caracterizan por tener muchas patas. Luego están los sínfilos, un grupo de miriápodos con no más de quince pares. Segundos en el podio se sitúan los quilópodos, que son los ciempiés de los que ya hemos hablado. Muchos no alcanzan siquiera los veinte pares de patas, aunque algunos extraordinariamente largos sí que llegan a superar las cien pares. Y por último, tenemos a los milpiés. Se engloban dentro del grupo de los diplópodos y son, generalmente, detritívoros, carroñeros y descomponedores. Aparecen en todos los ecosistemas húmedos y oscuros, y se alimentan de madera muerta, de hojarasca, de hongos o del humus de las capas superficiales del suelo.

Los gloméridos son milpiés que recuerdan a las cochinillas de la humedad. Se protegen haciéndose una bola como ellas [Yod 67].

Pero la gran mayoría no son tan largos como podríamos pensar. Existen especies, como los polixénidos o los gloméridos (estos últimos se parecen a una cochinilla de la humedad), que no tienen más de veinte o treinta patas. ¡Y quieren que los llamemos milpiés! Parece que cualquiera puede ponerse el nombre que quiera sin miedo a represalias. Tener mil patas es una hazaña que no está al alcance de prácticamente ninguno de los mal conocidos como milpiés. Aunque claro, ¿los llamaríais doscientoscincuentapiés? ¿O seiscientospiés?

Hasta hace no mucho, el titán de los milpiés era una especie de la familia sifonofóridos (Siphonophoridae) que podía alcanzar la friolera de 375 pares de patas. Es conocida como *Illacme plenipes* y habita en California. Parece una larga lombriz con muchísimas patas que mueve de forma sincrónica. Su cuerpo es una adaptación para introducirse entre los recovecos del suelo. Entonces, ¿hemos sido engañados, llamando milpiés a unos animales que nunca han superado ni siquiera las ochocientas patas? Así es, pues los milpiés, efectivamente, no tienen mil pies. De hecho, es bastante raro la existencia de especies que tengan más de trescientas patas.

¿Cuántas patas tiene un milpiés? [Mr. Donni].

No obstante, en 2021, unos científicos descubrieron una especie muy singular. Fue llamada *Eumillipes persephone*, dentro del orden de los polizónidos (Polyzoniida). Bautizado en honor a la diosa griega del inframundo Perséfone, que originalmente nació en la superficie, pero fue secuestrada hasta lo más profundo de la tierra por Hades, este milpiés se localizó en las capas más profundas del suelo, gracias a las excavaciones destinadas a la extracción de mineral. Lo más sorprendente no es su hábitat, sino que por fin el nombre cobró un sentido. *Eumillipes*, o «auténtico milpiés», ostenta el título de ser el único milpiés con realmente más de mil pies. En total, cuenta con 1306 patas y fue localizado en el inframundo australiano.

Oficialmente, con este reciente descubrimiento podemos decir, finalmente, que los milpiés, al menos algunos, sí pueden hacer honor a su nombre. Aunque de las más de doce mil especies de todo el mundo, solo una cumple este requisito numérico. Quizás habría que retirarle el título al resto de integrantes…

Eumillipes persephone, único milpiés conocido con más de mil patas [Marek, Buzatto, Shear, Means, Black, Harvey & Rodríguez, Western Australian Museum (C.C. 4.0)].

¿EXISTEN INSECTOS FOTOSINTÉTICOS?

Las plantas son seres fascinantes. De entre todas las tareas que puedes desempeñar, ser capaz de producir sus propios recursos con poco más que agua, dióxido de carbono y un rayito de luz es digno de admiración. Todos los organismos fotosintéticos son responsables del oxígeno que respiramos, pues mientras sintetizan los recursos azucarados que necesitan, lo producen como sustancia de desecho.

Recuerda que el surgimiento de los primeros microorganismos fotosintéticos hace más de tres mil millones de años ocasionó una de las mayores extinciones acaecidas en la Tierra. En un mundo completamente anóxico, el oxígeno era tóxico para la mayoría de organismos. Cuando las cianobacterias descubrieron cómo usar el dióxido de carbono —tan abundante en la atmósfera— para generar recursos, empezaron a liberar cantidades masivas de oxígeno. Y ahí todo cambió. Desde ese momento y hasta ahora vivimos en un mundo dominado también por el reino vegetal. Miremos donde miremos vemos plantas. Un mundo de un hermoso color verde que nos da la vida.

Nadie osaría negar la importancia que tienen las plantas para nosotros. Aún conservan el título de ser los únicos seres capaces de producir su propio alimento. Sin embargo, a lo largo de la evolución, muchos otros organismos han tratado de copiar esta condición, sin llegar a ser una planta más. Son conocidos los casos de la babosa marina fotosintética *Elysia chlorotica* o la salamandra solar *Ambystoma maculatum.*

Centrémonos en los artrópodos. Merece la pena conocer la historia del pulgón del guisante *Acyrthosiphon pisum.* Este es un hemíptero de la familia de los áfidos que cuenta con un ciclo de vida muy complejo. De un huevo que está preparado para pasar el invierno emergen hembras partenogenéticas. Esto significa que las hembras son capaces de dar a luz a pequeñas ninfas de pulgón, solo hembras. La colonia de pulgones empieza a crecer sobre la planta nutricia de forma masiva. Una vez se acerca el final del verano, las plantas están tan atestadas de pulgones que ya no aguantan más.

Colonia de *Acyrthosiphon pisum*. El pulgón del guisante es hoy objeto de estudio por la posesión de un primitivo sistema de producción de energía basado en la luz solar [Tomasz Klejdysz].

Es el momento de irse lejos. Con las noches cada vez más largas y las temperaturas más frescas, empiezan a surgir tanto hembras como machos alados, que vuelan en busca de nuevas plantas. Se aparean, y las hembras depositarán los huevos preparados para aguantar el crudo invierno. A continuación, los adultos mueren, y en la próxima primavera, el ciclo comenzará de nuevo. Los áfidos tienen algunos de los ciclos de vida más complejos del mundo animal. Pero, si a esta historia le sumas una supuesta capacidad de fotosintetizar, la complejidad aumentará exponencialmente.

Un grupo de investigadores publicaron en 2012 un fascinante hallazgo sobre el pulgón del guisante. Estos pulgones son capaces de sintetizar carotenoides, pigmentos que aparecen en los cloroplastos de muchos organismos fotosintéticos preparados para aprovechar la energía solar. Hasta ahí todo bien. Lo sorprendente es que los científicos descubrieron que los pulgones podían ser verdes si habían sido criados en ambientes fríos, anaranjados si vivían en condiciones óptimas y blancos si habían sido criados sin recursos. Como habrás deducido, cada uno tenía distintas cantidades de carotenoides. En los verdes eran más abundantes y en los pulgones blancos apenas había. Observaron también, tras hacer análisis químicos, que eran capaces de aislar más monedas energéticas (moléculas de ATP) de los pulgones verdes que de los naranjas, y a su vez muchas más que los blancos. En toda esta ecuación algo raro estaba pasando. ¿Estaban estos organismos realizando la fotosíntesis como tal? Llegó la prueba de fuego: ponerlos en condiciones de oscuridad o en condiciones de luz. Y también llegó la sorpresa. Los pulgones naranjas, que crecían en condiciones óptimas, producían más del doble de energía cuando eran expuestos al sol que cuando se quedaban en oscuridad.

Habían probado que la propia energía del sol estaba desencadenando un mecanismo de movimiento de electrones hacia los pigmentos de los pulgones, con la finalidad de producir más y más energía. Ahora permíteme responder a la pregunta planteada. Aunque exista un pulgón capaz de aprovechar la energía del sol para obtener más energía, solo podríamos llegar a considerarlo una fotosíntesis tremendamente primitiva. En todo este proceso el pulgón sigue necesitando respirar oxígeno y exhalar dióxido de carbono, no al revés, como las plantas. Por lo tanto, aunque suena épico y fascinante, en este caso quizás lo más cauto sea decir «no, no existen insectos fotosintéticos, pero…» y dejarlo estar.

¿ALGÚN INSECTO TRATA DE CONQUISTAR EL MUNDO?

Seguro que alguna vez has estado comiendo y una mosca doméstica se ha posado sobre la mesa. Probablemente te has quedado mirándola mientras ella te evalúa con sus hipnóticos ojos. Acto seguido se ha zambullido en un plato y tú, sintiendo asco, la has espantado. Pero la mosca ha vuelto una y otra vez a posarse en tu comida. También habrás observado cómo, a veces, se empiezan a frotar las patas. Parece

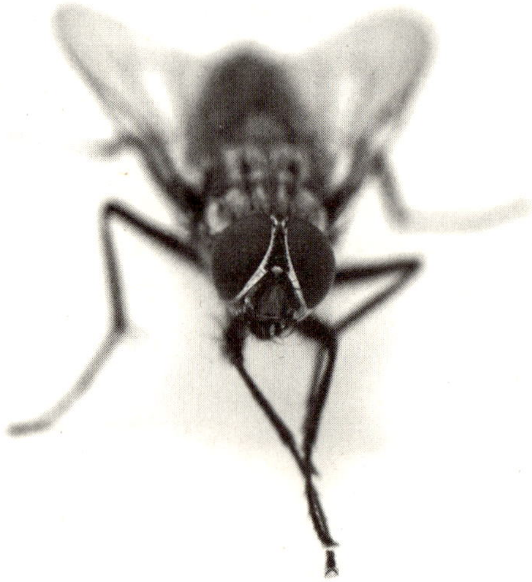

Las moscas no frotan sus patas porque traman algo, se están limpiando compulsivamente cualquier ápice de suciedad [V. Voe].

que traman algo de un modo maquiavélico. Quizás, mientras se frotan compulsivamente sus patas, pienses en ellas como el villano de una película de terror. Pero, ¿qué están haciendo realmente?

La inmensa mayoría de moscas se frotan las «manos» de esta manera porque son unas hipocondríacas de la limpieza. Sí, lo contrario a lo que suele pensar todo el mundo. Tenemos la mítica imagen de una mosca posada en excrementos, lo que probablemente nos genere repulsión y asco, pudiendo pensar que las moscas son de los animales más sucios que existen. Nada más lejos de la realidad. Las moscas presentan una gran cantidad de receptores del gusto y del olfato distribuidos por varias partes de su cuerpo, entre otros, sus patas. Cuando se posan sobre la comida, lo que están evaluando es si estará rica y si será de suficiente calidad para ingerirla. Da igual que sea una fruta podrida, un excremento o nuestro plato de arroz. Ellas saborean con sus patas, y toman la decisión de qué plato del menú elegir ese día. Sin embargo, tener esos receptores implica también mucho trabajo de limpieza. Constantemente se están acicalando para eliminar cualquier resto de suciedad. Se quitan partículas orgánicas, polvillo, restos de alimento o similar que se les haya podido quedar en sus receptores.

Su afán por la limpieza no queda ahí, ya que también se limpian la cabeza, el resto de patas y las alas. Las moscas pueden pasar la mayor parte del día limpiándose. Y, con esa compulsividad con la que lo hacen, se convierten en uno de los animales más limpios dentro del mundo de los artrópodos.

Piénsalo cuando veas una mosca, y observa cómo se limpia con gran insistencia. Lo que más le importa es estar impoluta. No quiere contaminar absolutamente nada de lo que toque. Algo completamente opuesto a lo que seguro tenías grabado a fuego en tu cabeza.

Los ensíferos, con antenas más largas que su cuerpo, presentan sus órganos auditivos en el primer par de patas [Alexander Sviridov].

¿ERES CAPAZ DE OÍR LA SINFONÍA DE LA NATURALEZA?

Me gusta muchísimo pasear de noche e ir en busca de los seres nocturnos. Una vez, muestreando anfibios nocturnos con una compañera bióloga, me dijo: «increíble la sinfonía de la naturaleza». Nos paramos a escuchar en la cálida noche de verano. Es asombrosa la cantidad de animales que cantaban en la oscuridad. No solo los anfibios que estábamos buscando, sino que se escuchaban también un sinfín de grillos distintos. Y, si te paras a escuchar, te darás cuenta de que cada uno suena diferente. El «cri-cri» de este grillo no tiene nada que ver con el «criiiii-criiiii» de este otro.

Igualmente, cuando caminas por un pastizal en un cálido día de primavera o verano también podrás escuchar un sinfín de saltamontes. Y cada uno con un patrón característico que podrías identificar como si fuese el canto de un pájaro. ¿Te habías planteado aprender a identificar a los saltamontes, grillos y chicharras por el canto? Parece arduo, pero no es imposible. En primer lugar, es necesario comentar un par de asuntos sobre los ortópteros. Estos, típicos insectos saltadores, se dividen en dos grandes grupos: los ensíferos y los celíferos. Los primeros son los grillos, y se caracterizan por unas unas antenas más largas que su cuerpo y poseer los órganos auditivos o timpánicos en las patas delanteras. Por el contrario, los celíferos incluyen los saltamontes y grupos afines, y se caracterizan por antenas cortas y presentar los órganos timpánicos en la primera parte del abdomen. Aunque la gran mayoría de artrópodos tienen órganos para detectar el sonido, el número de los que pueden emitir algún tipo de sonido se reduce considerablemente. Algunos vibran, otros chillan y otros producen algo similar a los susurros de las cucarachas. Sin embargo, los saltamontes y grillos son auténticos especialistas del sonido.

El sonido que reproducen se denomina «estridulación» y lo hacen de formas diferentes. Mientras que los grillos raspan un ala contra otra, los saltamontes frotan su último par de patas contra la parte final de sus alas. En ambos casos, el

Los celíferos, por el contrario, tienen antenas más cortas y sus órganos auditivos se localizan en el abdomen [Silvia Dubois].

objetivo es producir un patrón rítmico de sonido que surge cuando pequeñas espinas o raspadores friccionan entre sí. Es el típico sonido que escuchamos los días calurosos de verano, donde los saltamontes entran en éxtasis, así como en las noches donde los grillos toman el relevo. Este patrón ha sido usado históricamente como un termómetro natural. Se ha demostrado que, a más temperatura, la velocidad de las sílabas se acelera, por lo que, contando el número de tonos o vibraciones por minuto, podríamos averiguar qué marca el mercurio en ese momento, algo que se ha bautizado como la ley de Dolbear.

Pero ¿cuál es la finalidad de estos sonidos y por qué existe tanta variedad? En general, son los machos los que estridulan, con el objetivo de indicarles a las hembras dónde están. Lo hacen devotos desde sus madrigueras o entre la vegetación, de forma que delatan su posición. Las hembras van siguiendo el rastro «musical» hasta encontrar a los machos con los que aparearse y asegurar la nueva generación. Hay especies en las que las hembras también «cantan», persiguiendo el mismo objetivo. Sin embargo, en un único pastizal pueden coexistir más de veinte especies distintas de saltamontes y grillos. Si todos estridulan a la misma hora, se produce una melodía armónica y melodiosa, pero también caótica. Encontrar pareja puede ser un reto timpánico, que diga titánico. Por suerte, los saltamontes y grillos están dotados con una extraordinaria capacidad: distinguir el patrón de estridulación intrínseco a su especie. De entre todas las sinfonías de la naturaleza, ellos puede captar a la perfección el sonido que corresponde a los individuos de su misma especie, ignorando los de otras especies de ortópteros, y asegurándose de localizar al único artista que les interesa.

Como dijo mi amiga: «es increíble que, en la oscuridad de la noche, todos los saltamontes y grillos sean capaces de encontrar a su media naranja». Aún más increíble es que nosotros, a veces, no seamos capaces ni de encontrarnos a nosotros mismos.

Las cigarras son hemípteros cuyos «cantos» hacen insufribles las tardes más cálidas de verano en muchas regiones del mundo [Steve Byland].

¿CUÁL ES EL NÚMERO DE LA SUERTE?

Durante el verano, cuando las temperaturas empiezan a subir, se produce un fenómeno surrealista. Debajo del asfalto que pisas hay todo un mundo, subterráneo, que está esperando su momento ideal, el de brillar. De repente, de los alcorques de los árboles de la ciudad emergen unos seres que comienzan a trepar por los árboles. Se sitúan a una altura determinada y, finalmente, mudan. Del interior de esos trajes fantasmagóricos que quedan atrás salen las cigarras. Se tratan de hemípteros que pertenecen a la familia de los cicádidos. Y son las que anuncian el calor. Se suben a la superficie de los árboles y comienzan ese canto mortal que todos sabemos reconocer. A más temperatura, la estridulación se acelera y se acentúa. En esos momentos, la calle les pertenece a ellas, a las reinas del verano, las jinetes del apocalipsis. Las cigarras. Y tú solo podrás volver a salir cuando dejen de «cantar».

Muchas de sus especies presentan un ciclo anual o bianual, emergiendo cada uno o dos años. Otras pertenecen al género *Magicicada*, habitan América del Norte, y son conocidas como cigarras periódicas, emergiendo cada diecisiete años; aunque en algunas ocasiones pueden hacerlo cada trece. Aquí surge la pregunta: ¿quién es el insecto, el adulto volador que vive solo de tres a seis semanas, o la ninfa subterránea, invisible, que está ahí durante diecisiete años? Si buscásemos una de estas especies, la veríamos ilustrada con una foto del adulto. ¿Crees que es representativo?

Las cigarras periódicas presentan la mejor sincronía de todo el mundo animal. Viven bajo tierra alimentándose de la savia de los árboles. Tienen un reloj biológico interno que hace que sepan cómo va pasando el tiempo. Uno, dos, tres, cuatro años. Así hasta diecisiete. Un día «al azar», las señales indican que es el gran estreno de su película. Como guiadas por un resorte, comienzan a emerger, todas juntas.

Así es. Las cigarras periódicas salen de tierra en un rango temporal exacto, pero la pregunta es por qué. Y la respuesta, a pesar de ser objeto de estudio, aún está lejos de conocerse. Algunos autores aseguran que se trata de una estrategia de

Emergencia de un adulto de *Magicicada* preparado para su corto período reproductivo [Gerry Bishop].

Durante los períodos de emergencia de las *Magicicada* todo se queda completamente cubierto por infinidad de estos insectos [Susan Law Cain].

búsqueda de la «saciedad del depredador». El día del año que toca emerger, son tantos los individuos que aparecen, que los depredadores acaban extasiados y cansados de tanto comer. Por lo que, al final, acaban hastiados, asegurando la supervivencia de muchos otros individuos. Pero, ¿merece la pena pasar diecisiete años de tu vida enterrado para ser comido en el día más importante de tu ciclo vital?

Otros autores piensan que períodos tan dilatados de tiempo garantizan que los depredadores no sufrirían un aumento poblacional desmesurado provocado por la inmensa abundancia anual de alimento. Un año de abundancia y diecisiete de pobreza no parecen la receta más apropiada para prosperar.

Otra de las hipótesis más discutidas es que surgió como un mecanismo adaptativo frente a unas condiciones de extrema crudeza en los períodos de glaciaciones. Si la Tierra pasaba por un momento duro, frío e inhóspito, estar largos períodos de tiempo bajo tierra te aseguraba una mayor supervivencia que quedar expuesto a las inclemencias temporales de la vida en la superficie.

En la actualidad, sigue siendo un misterio. Lo que sí se sabe es cuándo van a emerger exactamente. Existe todo un grupo de personas dedicadas a cartografiar el siguiente fenómeno de nacimiento de estas cigarras. De hecho, se conoce cuándo van a emerger todas las poblaciones de Norteamérica. Es curioso cómo el número diecisiete, o el número trece, números primos y a veces considerados de mal augurio, se han convertido en números de la suerte para estos peculiares organismos que tienen uno de los récords de ciclo de vida más largo para un artrópodo.

¿EXISTEN ARTRÓPODOS INVISIBLES?

Esta singular pregunta me la planteó una niña, acompañada por sus padres, en una ruta guiada para ver insectos en mi tierra natal. La pregunta concreta fue: «¿hay insectos que sepan hacerse invisibles?». En ese momento piensas en todos aquellos artrópodos microscópicos que están ahí pero que son muy difíciles de advertir a simple vista. Los ácaros del polvo o los piojos de los niños son dos de esos ejemplos. Sin embargo, la pregunta no iba planteada de esa manera, sino en busca de la existencia de algún animal que pudiese aparecer y desaparecer a voluntad. Le tuve que decir que no, pero le hablé de la mariposa de cristal *Greta oto*, una mariposa de ciertas zonas de América del Sur cuyas alas, más allá de unos pocos dibujos, son completamente transparentes. Nosotros podríamos ver el paisaje que queda detrás de la mariposa con solo mirarla de frente. Sin embargo, para nuestra vista, el lepidóptero es visible.

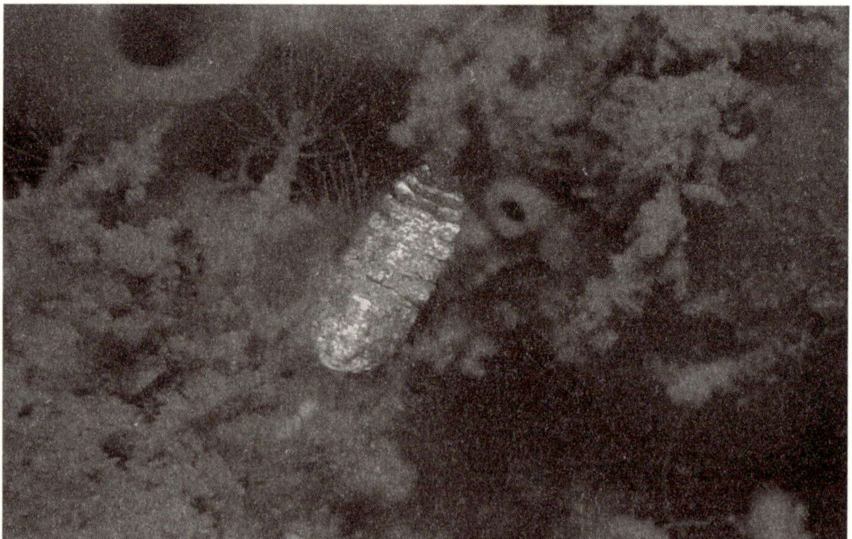

Los zafiros de mar pueden tener múltiples coloraciones según cómo reflejen sus células de luz. ¡Incluso pueden hacerse invisibles! [Seastung].

Cuando llegué a casa, empecé a indagar para intentar sellar la duda que la niña me había planteado. Y, sorprendentemente, la búsqueda dio sus frutos. Descubrí la existencia de unos pequeños crustáceos marinos del grupo de los copépodos clasificados dentro de la familia de los safirínidos (Sapphirinidae). Estamos hablando de crustáceos de unos milímetros de longitud, en los que los machos tienen colores intensos —que van desde los azules y verdes, hasta violetas, rojos y amarillos—, pero las hembras son transparentes, aunque visibles. Viven flotando en la columna de agua y, en función de la profundidad a la que se encuentren, reflejarán una u otra longitud de onda de la luz, haciéndoles ser de un color u otro. Muchos se llaman zafiros marinos por su capacidad para asemejarse a joyas flotantes en alta mar. Ahora bien, los machos guardan un secreto. Su cuerpo está formado por multitud de células con cristales hexagonales capaces de reflejar la luz en distintos ángulos. Y, de hecho, mientras están nadando, si se sienten amenazados, devían la luz en la dirección apropiada para hacerse completamente invisibles. Si lo seguimos con la mirada, podrá desaparecer momentáneamente y aparecer varios metros más allá, aprovechando así para escapar. Te invito a buscar un vídeo de estos crustáceos únicos, a los que, efectivamente, podríamos calificar como los únicos artrópodos capaces de volverse invisibles a voluntad.

¿EXISTEN ARAÑAS HERBÍVORAS?

De pequeño yo también era aracnofóbico. Veía uno de estos seres y me recorría un sudor frío por todo el cuerpo que me dejaba paralizado. Con el tiempo aprendí a apreciarlas y entenderlas. Ahora bien, cuando hablo de las arañas, siempre utilizo una afirmación tácita que no admite réplicas: «todas las arañas son carnívoras y depredadoras». Nadie osa replicarme. Sin embargo, entre todas las arañas conocidas existe una que es la excepción que confirma la regla. Vive en América Central y se llama *Bagheera kiplingi*. Se trata de la única especie de araña conocida eminentemente herbívora. Vive sobre acacias que desarrollan una simbiosis con hormigas. Es sabido cómo ciertas hormigas protegen a las acacias de los depredadores. Agradecidos, estos árboles compensan a las hormigas con pequeñas protuberancias ricas en proteínas y grasas que les sirven como alimento, así como con recovecos donde poder preparar sus nidos. La araña saltadora herbívora vive en estas mismas acacias. Intenta esquivar a las hormigas, porque no quiere una confrontación directa con ellas, ya que su principal fuente de alimento son los recursos que extrae de estas protuberancias denominadas corpúsculos de Beltian, en honor a Thomas Belt, que descubrió la relación de simbiosis entre hormigas y acacias. También es capaz de sorber néctar y, muy raramente, robar las larvas de alguna que otra obrera. Una vez contada esta curiosidad, ya no podré generalizar más. Y tú podrás corregir a quien te diga eso de que todas las arañas son depredadoras.

La única araña herbívora, *Bagheera kiplingi*, sobre una de las acacias de las que extrae su alimento. ¡Una excepción en toda regla! [Maximilian Paradiz].

¿CUÁL ES EL «BICHO» MÁS RARO QUE CONOCES?

En este caso, no busco responder una cuestión que me hayan planteado alguna vez. En una charla con una amiga entomóloga surgió el debate sobre el artrópodo más extraño que, según nuestra opinión, existía. Ella mencionó a las moscas de la familia de los diópsidos (Diopsidae), las cuales aparecen en distintos continentes y tienen una característica muy especial: los machos compiten por las hembras... estirando sus proyecciones oculares. Los ojos se van separando entre sí debido a unos «tallos» característicos que les ha proporcionado el nombre de «moscas de ojos saltones». Ciertamente, se pueden considerar raras.

Dice el *Diccionario de la lengua española* que «raro» significa ser «extraordinario, poco común o frecuente». Hoy por hoy, tengo dos candidatos entre los que no puedo elegir un claro ganador. Uno de ellos son las conocidas como hormigas mieleras, del género *Myrmecocystus,* con su especie más estudiada *M. mexicanus.* Muchas de estas especies de hormigas viven en ambientes extraordinariamente secos donde en ciertos momentos puede haber un importante déficit de alimento. Existen miembros del hormiguero que, lejos de ayudar a sus congéneres a buscar alimento o proteger el nido, se transforman en mobiliario. Son capaces de acumular ingentes cantidades de alimento líquido en sus abdómenes. Estos se hinchan dejando ver todo el alimento al tornarse su cuerpo completamente translúcido. De hecho, los investigadores han jugado con esto tiñéndoles la comida de distintos colores, haciendo que las hormigas se vuelvan rojas, azules o verdes. Estas se colocan en los techos de ciertas cámaras del hormiguero y permanecen inmóviles. Allí se quedan durante toda la estación, como despensas vivas. Es como un surtidor por el que otras hormigas pasan para extraer alimento por trofalaxis. ¿En qué momento un insecto se ha transformado en una despensa viva y en un surtidor de sustancias líquidas azucaradas para sus congéneres?

La otra especie posible merecedora del título de «bicho» más raro es una mariposa de la familia de los heterogínidos. Entre las pocas especies conocidas de esta familia, me centraré en *Heterogynis andalusica*, una especie prácticamente endémica de ciertas zonas de Andalucía, en el sur de la península ibérica. Los machos son pequeñas polillas grisáceas que vuelan de día. Están buscando activamente las feromonas que emite la hembra. Sin embargo, la hembra no tiene absolutamente nada que ver con una polilla. No tiene alas, ni patas, ni escamas, ni cabeza, ni antenas, es prácticamente ciega, e incapaz de moverse... ¿Y si os dijese que no se sabe ni qué forma tiene?

Existen especies de lepidópteros en los que las hembras han perdido la capacidad de volar, convirtiéndose en una especie de bola de pelo andante, como es el caso de la oruga de los prados *Ocnogyna baetica*. Pero, en el caso de *Heterogynis andalusica*, estamos ante algo más extremo. Las hembras, una vez pupan, nunca emergen del capullo. Están descritas como una masa viscosa multicolor. Los machos son capaces de localizar el capullo donde se encuentran escondidas. Lo perforan para fecundarla y mueren poco tiempo después. La hembra ni siquiera pone los huevos. Estos eclosionan

Las hormigas mieleras del género *Myrmecocystus* tienen obreras que pueden actuar como auténticas despensas vivas de comida para sus hermanas [Greg Hume].

desde su propio interior, lo que causa la muerte instantánea de su madre. Una vez que las orugas salen de su resguardo comienzan a alimentarse de sus plantas nutricias. Sin embargo, mientras que los machos serán una polilla estándar más, las hembras, al pupar, nunca más volverán a existir, y nunca más volveremos a saber la forma que tienen, al menos, como adultas. Desde luego, una polilla cuyas hembras existen sin existir, para mí también es merecedor de ocupar este puesto de máxima categoría en el podio de los artrópodos más extraños, bizarros y completamente estrambóticos.

Por desgracia, llegamos al final del capítulo de preguntas sin respuesta… aunque ya sí la tienen. Estoy casi convencido de que esto no supone más que una millonésima parte de las preguntas que tiene la humanidad acerca de los artrópodos. Y es que, mientras se investiga para arrojar luz sobre una cuestión, surgen veinte interrogantes más. Seguro que tú mismo tienes preguntas que aún no tienen respuesta. Te invito a seguir haciéndote más preguntas y a tratar de darles una explicación. Solo la curiosidad es tu límite, nunca lo olvides.

Un macho alado de *Heterogynis andalusica* está fecundando a la hembra, que, sin conocerse su morfología adulta, nunca emerge de su capullo [Arturo Iglesias].

Una *Mantis* explora una ventana en una ciudad [Menno van der Haven].

XIV. LA CONSERVACIÓN DE LOS ARTRÓPODOS

> «¿De qué sirve haber desarrollado una ciencia lo suficientemente buena, como para hacer predicciones si al final lo único que estamos dispuestos a hacer es quedarnos quietos y esperar que se hagan realidad?»
>
> Elizabeth Kolbert

Vivimos en el «Antropoceno», el término que parte de la comunidad científica ha propuesto para definir la era geológica y biológica marcada por el impacto global de las actividades del ser humano. Elizabeth Kolbert, una periodista estadounidense especializada en medioambiente escribió un libro titulado *La sexta extinción.* Entre sus páginas se relataban las historias de muchos seres vivos que actualmente se enfrentan a una situación extrema. Somos la especie transformadora por excelencia. Lo cambiamos todo. La tecnología, que nos ha permitido alcanzar hasta límites extraplanetarios, también nos está llevando hacia un mundo cada vez más inhóspito.

Cuando Darwin postuló su teoría de la selección natural, probablemente nunca se planteó que la práctica totalidad de especies de la Tierra pudieran estar en desventaja frente al *Homo sapiens.* Los microplásticos han llegado a las cadenas tróficas. El cambio climático amenaza todos los ecosistemas. Tenemos temperaturas más altas, períodos más prolonga-

Cigüeñas en un vertedero [FJAH].

dos de sequía o fenómenos atmosféricos extremos. Las especies invasoras se han extendido, expandiendo enfermedades o afectando gravemente a la biodiversidad. Los glaciares se derriten paulatinamente, el nivel del océano sube y los bosques y selvas están siendo talados. ¿Dónde está el límite?

La ciencia se erige como el motor fundamental para conseguir cambiar las cosas; pero, como defiende Elizabeth, ¿de qué sirve tener una ciencia capaz de efectuar predicciones cada vez más certeras? Al final nos quedamos de brazos cruzados, viendo cómo la catástrofe se cierne sobre nosotros.

¿Recuerdas cuando estaba permitida la caza masiva de ballenas? ¿Cómo un animal que mide en torno a 1,70 metros y pesa alrededor de setenta kilos, no acuático, fue capaz de llevar hasta la extinción al animal más grande que puebla el planeta? Cada día nos asaltan noticias sobre el delicado estado de conservación del oso panda, el koala de Australia, y la degradada sabana africana. Has oído acerca de la tala de las selvas de Borneo, del aceite de palma, de la desaparición de la fauna de las islas, de virus y enfermedades emergentes.

«Volverán las oscuras golondrinas, en tu balcón sus nidos a colgar»; pues sí Gustavo Adolfo, y cada año lo hacen antes. Aunque quizás algún día dejen de hacerlo. Las cigüeñas no migran en muchas zonas de España. ¿Para qué te vas a ir cuando hay comida en los vertederos de forma constante? Cuanto más suben las temperaturas de la arena de las playas en las que las tortugas depositan sus huevos, mayor es el número de hembras que nacen. ¿Sabías que hay poblaciones virtualmente extintas por tener solo hembras entre sus miembros?

Los pesticidas han eliminado plantas endémicas de su hábitat. Y, en un mosaico únicamente dominado por los cultivos, encontrar los recursos tróficos para muchos insectos es imposible, una catástrofe. Pero, ¿cuántas noticias versan sobre ellos? Son los grandes olvidados y también están gritando silenciosamente ante una masiva extinción. En este capítulo final trataremos de darles voz.

Muchos se percataron de que, en sus viajes por carretera, ya no se encontraba tantos insectos impactados en su vehículo. Esto se conoce como el fenómeno del parabrisas [Trezordia].

EL FENÓMENO DEL PARABRISAS

Todos los veranos, cuando era más joven, realizaba un viaje hasta mi pueblo situado en una recóndita zona de León. Parte de este trayecto transcurría por zonas rodeadas de matorral mediterráneo, ambientes forestales e incluso lagunas, ríos y embalses. Eran muchos los insectos voladores que impactaban contra la parte delantera del vehículo. Cuando llegábamos era increíble ver todos los bichos que habíamos atropellado, salpicando parabrisas y faros. Hoy, la cantidad de insectos aplastados ha disminuido drásticamente con respecto a las décadas pasadas. Es lo que se conoce como el «fenómeno del parabrisas». Pero, ¿es esto real?

Por desgracia no existen datos del pasado para realizar comparativas fiables. Pero, en 2017, una sociedad entomológica alemana publicó un estudio de resultados sorprendentes. Durante 27 años, en ciertas áreas protegidas de Alemania, realizaron muestreos de artrópodos mediante la aplicación de trampas Malaise —una especie de tienda de campaña en la que los insectos voladores entran, pero son incapaces de salir—. El artículo tiene sus reservas, mas cuál fue su sorpresa cuando llegaron a la conclusión de que la biomasa total de insectos voladores se había reducido en un 75 % en solo tres décadas. El descenso había sido estratosférico. ¿Qué estaba pasando? Había llegado lo que se clasificó como el «apocalipsis de los insectos».

Coleópteros, himenópteros, lepidópteros, odonatos y ortópteros eran algunos de los grandes perdedores debido a nuestra actuación como especie. Los artrópodos están desapareciendo poco a poco, en una de las extinciones más masivas de toda esta etapa geológica, incluso con tasas de extinción mayores que otros organismos más conocidos presentes y fósiles. ¿Qué estamos haciendo? Quizás el fenómeno del parabrisas pueda parecer anecdótico, pero es una prueba más de que estamos ante la crisis de los artrópodos, el Armagedón ecológico de estos invertebrados y en lo que, certeramente, Elizabeth Kolbert definió como la sexta extinción.

Las ratas negras, entre otras, son animales que se han extendido por todo el mundo gracias a la globalización. Allí donde han llegado, han causado auténticos estragos [Heiko Kiera].

EL INSECTO MÁS LOCALIZADO DE TODO EL MUNDO

Muchos insectos están en peligro de extinción, ¿pero sabrías dar un ejemplo de un artrópodo amenazado? En 1918, el SS Makambo —barco destinado al transporte de mercancías y personas a lo largo de distintas rutas comerciales australianas— encalló en la isla de Lord Howe, entre Australia y Nueva Zelanda. Una roca sumergida y un error de cálculo hicieron que quedase cerca de la costa insular. Parte del cargamento que llevaba acabó a la deriva, arribando a la isla. Entre todo ese material, llegaron unos animales muy conocidos: las ratas negras, que se extendieron rápidamente por un nuevo mundo sin conquistar.

La fauna de la isla no había visto una rata en su vida. No eran capaces de percibirlas como un peligro, y causaron auténticos estragos. Como resultado, varias especies de aves desaparecieron pocos años después. Lo mismo sucedió con el insecto palo de la isla de Lord Howe *Dryococelus australis*, endémico de aquí. Curiosamente, en 1920, solo un año después de la llegada de las ratas, este enorme fásmido catalogado como abundante, desapareció sin dejar rastro. Durante ochenta años solo se encontraron algunos cadáveres, pero nunca un ejemplar vivo. ¡Qué catástrofe!

Sin embargo, en 2001, sucedió un milagro. A veinte kilómetros de la isla de Lord Howe se encontraba un pequeño islote llamado la Pirámide de Ball. Es una pequeña emergencia de roca de poco más de un kilómetro de longitud y menos de quinientos metros de ancho. Con la finalidad de estudiar su fauna y flora, un grupo de científicos se desplazó y encontró algo sorprendente. Bajo un único arbusto de una mirtácea de género *Melaleuca* encontraron excrementos que, indudablemente, correspondían a un insecto palo. Decidieron volver durante la noche y para su sorpresa, encontraron una pequeña población de solo veinticuatro ejemplares de esta especie.

Conocido como taxón lázaro, pues se creía extinto, el insecto palo de la isla de Lord Howe había revivido, pero ahora era el de la isla de la Pirámide de Ball. Se trataba del único punto donde no habían entrado las ratas, y allí estos fásmidos resistían con unos efectivos poblacionales tremendamente reducidos. A partir de este momento, comenzó todo un importante proyecto de conservación. Se recolectaron dos parejas para poder criarlas en cautividad.

En la actualidad, distribuidas por varios zoológicos, museos y centros de investigación, existen poblaciones en cautividad con ya más de diez mil insectos. Esta especie se mantiene a la perfección en las urnas en las que los científicos les proporcionan todos los recursos necesarios para criar adecuadamente, sin rastro de ratas. Cada año que pasa aumenta el número de ejemplares que se está preparando para su reintroducción. Sin embargo, la única población silvestre del mundo sigue viviendo en el pequeño peñón cercano a la isla de Lord Howe.

El insecto palo de la isla de Lord Howe es uno de los más grandes, pero también uno de los más amenazados, de todos los fásmidos conocidos [Granitethighs].

Hoy muchos lo consideran el insecto más difícil de ver de todo el mundo. Sus poblaciones naturales siguen tremendamente localizadas y confinadas, aunque existan muchos ejemplares en cautividad. Por desgracia, las ratas siguen poblando su isla original. Aunque todos los fásmidos se volviesen a llevar a su casa, estos volverían a desaparecer. De hecho, no fue hasta 2018 cuando las autoridades de la isla de Lord Howe aprobaron un plan destinado a la erradicación de las ratas con la finalidad de reintroducir a una de las pocas joyas de su isla que aún se mantienen vivas. Quizás no puedan recuperar los zorzales de la isla de Lord Howe, pero al menos sí podrían hacerlo con su endémico insecto palo. No obstante, queda aún mucho por hacer, muchas ratas por eliminar y muchas áreas de la isla que repoblar.

Al menos este insecto palo sigue en este mundo. Otros habitantes de las islas no han tenido tanta suerte, como la tijereta gigante de Santa Elena *Labidura herculeana,* que solo se conocía en esta isla del océano Atlántico. Tuvo el récord del dermáptero más grande de los tiempos actuales. El último ejemplar vivo se localizó en 1967, y eso que se han hecho más de veinte expediciones posteriores en su búsqueda. La eliminación de piedras y otros materiales para la construcción de viviendas, así como la introducción de roedores y otros organismos depredadores, la sentenciaron.

La cantidad de organismos extintos o al borde de la extinción en las islas es mayúsculo. ¿Cuándo volveremos a ver los fásmidos recuperando el hábitat que una vez les perteneció y que les fue arrebatado por las ratas? Mientras que sigan entre paredes de cristal, se puede concluir que no desaparecerán, pero, ¿de qué sirve una especie que no está en su hábitat? Que cada uno saque sus propias conclusiones. Todo a causa de una plaga de ratas que dieron buena cuenta de toda la biodiversidad de la isla. Una plaga de ratas que llegó a un sitio al que nunca habrían llegado de no ser por nuestra acción.

Las concentraciones de langostas son uno de los eventos más sorprendentes de la biología, millones de individuos se agrupan para migrar [Pav-Pro Photography].

CÓMO HACER DESAPARECER CASI 12,5 BILLONES DE LANGOSTAS

La historia anterior es agridulce. Aunque los fásmidos no hayan vuelto a recolonizar su isla, quizás lo puedan hacer en el futuro. Sin embargo, existen otros organismos que no lo volverán a hacer nunca. Por la mitad occidental de Estados Unidos se extendió, hace más de trescientos años, un ortóptero de la familia de los acrídidos denominado *Melanoplus spretus*. Se conocía como la langosta de las Montañas Rocosas y era capaz de causar auténticos estragos. Era el azote de los agricultores. Con la extensión de los cultivos hacia las zonas cercanas donde vivía este saltamontes, la especie comenzó a prosperar más de lo normal. Gracias a un festín variopinto y suculento, las langostas arrasaban con todo lo que se ponía delante de ellas. En 1875, sucedió un fenómeno histórico que aún hoy se sigue estudiando. Se conoce como el enjambre de Albert, y fue una enorme mole migratoria de langostas de las Montañas Rocosas. Este fue capaz de cubrir más de quinientos mil kilómetros cuadrados en su avance. Con cerca de treinta millones de toneladas de langostas, formadas por en torno a los casi 12,5 billones de insectos, una nube cubrió el cielo. Tiene el título de ser la concentración más masiva de animales de la que jamás se tiene constancia. Como os podéis imaginar, las consecuencias fueron catastróficas. No dejaron nada sin devorar.

A partir de ese momento, comenzó la guerra. A cañonazos, quemándolas, arrollándolas con carros, lanzándoles veneno líquido e incluso aspirándolas. El objetivo: tratar de eliminar la mayor cantidad de langostas posibles. Pero todo era ineficaz. Cuando una nube de langostas de dimensiones tan desproporcionadas se cierne sobre ti, poco puedes hacer. Tan problemáticos eran estos fenómenos que incluso el estado de Nebraska, uno de los más asolados, promulgó en 1877 una ley que obligaba a los ciudadanos a trabajar un mínimo de dos días al año eliminando langostas bajo multa en caso de negarse. Una ley completamente surrealista. Poco a poco la sociedad aprendió a convivir con ellas y sus enor-

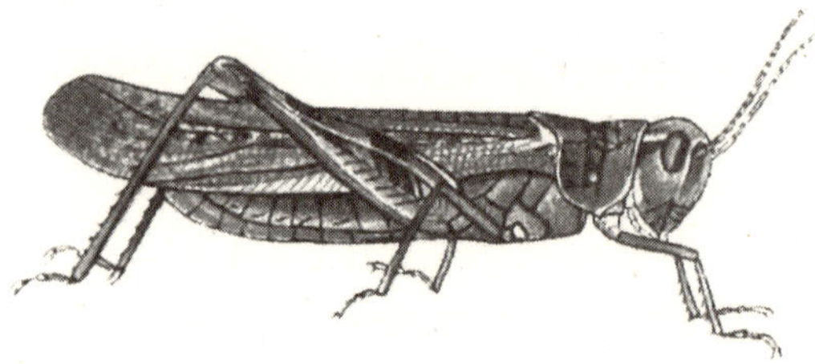

Una ilustración de 1902 de una langosta de las Montañas Rocosas. Se extinguieron en tan poco tiempo que no se conservan buenas fotos de la especie [Julius Bien].

mes enjambres y se adaptaron para intentar evitar estos problemas. Cambiaron parte de sus cultivos a otros que se sembraban antes de la emergencia de las langostas. Poco a poco, el caos se fue controlando. Las poblaciones fueron descendiendo. En poco más de veinte años el declive fue tan intenso que acabaron desapareciendo.

Las langostas, que ponían sus huevos enterrados cerca de los cursos de agua, no encontraron lugares idóneos para ovopositar. Las áreas de cría fueron arrasadas por el arado. En 1902, al sur de Canadá, se avistó el último ejemplar, y en la actualidad no se tiene constancia de ningún ejemplar vivo, desde entonces se considera extinta. ¿Cómo llegamos a eliminar cerca de 12,5 billones de insectos en solo veinte años? ¡Son un total de doce ceros: 12 500 000 000 000! No quiero imaginar si entonces hubiera habido acceso a los modernos pesticidas.

UNA EXTINCIÓN AL DÍA NO HACE DAÑO

A lo largo de los últimos años tenemos constancia de una importante cantidad de artrópodos que se han extinguido sin que ningún medio de comunicación les haya dedicado un obituario. La Unión Internacional para la Conservación de la Naturaleza (UICN), un ambicioso proyecto que trata de tener catalogadas todas las especies de vida de la Tierra, presenta una importante asignatura pendiente. En los artrópodos, frente a otros grupos de organismos, el porcentaje de especies que están evaluadas es casi anecdótico (menos del 1 %). ¿Qué sucede? Nos enfrentamos a un problema muchísimo más serio. No hay estudios. No hay información. No hay nada.

Los artrópodos, incluso siendo los organismos vivos más abundantes de la Tierra, así como los que más funciones ecológicas realizan, han sido los grandes olvidados en toda esta empresa. No tener vértebras es un hándicap para el estudio que practicamos los humanos. ¿Es posible que solo en el tiempo que te has estado leyendo este capítulo hayan desaparecido unas diez especies distintas de nuestros protagonistas? Uno de los problemas a los que nos enfrentamos es lo que se conoce como extinción silenciosa. No solo la desaparición paulatina, desapercibida e invisible de muchos organismos conocidos, sino también la desaparición de una gran cantidad de organismos que nunca conoceremos. Pero, una extinción al día no hace daño. O eso nos han querido hacer creer.

La destrucción de los hábitats naturales, los pesticidas... Hemos creado un arsenal de sustancias químicas específicamente destinadas a hacerles la vida imposible. Les coartamos el proceso de muda, los envenenamos, les impedimos comunicarse con otros miembros de su especie o directamente los matamos. ¿Dónde está el límite? Si fuimos capaces de eliminar 12,5 billones de langostas, ¿no podremos con diez mil especies de artrópodos?

Las especies invasoras también se han convertido en uno de sus principales problemas. Las especies ocupan un lugar en la tierra porque han evolucionado y se han adaptado a dicho lugar. En el momento en que, por accidente o de forma intencionada, introducimos una especie no nativa en un hábitat distinto al que le pertenece, estamos provocando un desastre. Los fásmidos de la isla de Lord Howe son un ejemplo sobresaliente. Sin embargo, no importa el ecosistema que decidamos visitar, si hay una especie invasora, seguramente las poblaciones de artrópodos, de una manera u otra, se han visto mermadas. Todas las construcciones y urbanizaciones también provocan importantes problemas. ¿Cuántos insectos que persiguen la luz se desorientan? ¿Cuántos buscan refugio en la ciudad en lo que antes era un hermoso pastizal lleno de flores? El cambio climático está persiguiéndolos y asolándolos. Por desgracia, los insectos del ártico no serán capaces de resistir los incrementos de temperatura hacia los que va dirigido su mundo. De la misma manera, muchos crustáceos marinos serán incapaces de lidiar con la acidificación del mar o la pérdida de oxígeno.

Quizás la práctica totalidad de artrópodos estén cerca de encontrarse amenazados. De hecho, muchas especies que están evaluadas figuran en la peculiar categoría de «datos insuficientes». Y te diría: la mayoría de especies de nuestro planeta, incluso las más conocidas, viven esa situación. Son completamente desconocidas. Y, cada día que pasa, nuevas vidas se apagan o son llevadas al límite, sin que nadie lo cuente. No es lo mismo medir el área de distribución de un elefante africano que de un ciempiés subterráneo. Sin embargo, ambos están amenazados, sufren los mismos problemas, y son igual de importantes para sus ecosistemas.

¿Es posible un mundo en el que todos los artrópodos recuperen sus zonas de confort térmico, no seleccionen piezas de plástico para poner sus huevos, ni sean desplazados de sus hábitats ancestrales por inquilinos ajenos a ellos? Yo trato de hacer todo lo que está en mi mano para luchar por la conservación de estos animales tan increíbles ¿Qué tipo de persona quieres ser tú? Piensa en tu decisión, pero hazlo ya. Quizás mañana sea tarde.

Epílogo

Cada vez que me siento por la noche en el sofá a explorar alguna red social, bucear en textos de la comunidad científica o leer las enciclopedias para saber más sobre los insectos, me sorprendo de todo lo que podríamos aprender de ellos. Sé que contar la historia de más de un millón y medio de especies en un único libro es imposible. Pero con estas últimas líneas me gustaría recordar que estamos en una cuenta atrás en lo que a conservación de ecosistemas —y vida de decenas de miles de especies— respecta. No dejes que tu amor por la naturaleza caiga en saco roto. Conocer a los artrópodos y divulgar sus proezas es solo un comienzo. Si te apasionan su extravagante belleza, su carácter único, sus íntimos secretos y sus inigualables capacidades... es tu turno.

¿Qué clase de mundo quieres?

Durante la concepción de este libro, el autor anotó las nuevas especies de artrópodos descritas en la literatura especializada. En un año ha tenido constancia de más de seiscientas especies descubiertas, eso sin poder revisar todas las revistas que se publican; por lo tanto, el número será significativamente mayor. ¿Cuántas serán las que se hayan extinguido en ese periodo?

Nunca lo sabremos.